self
interior
diary

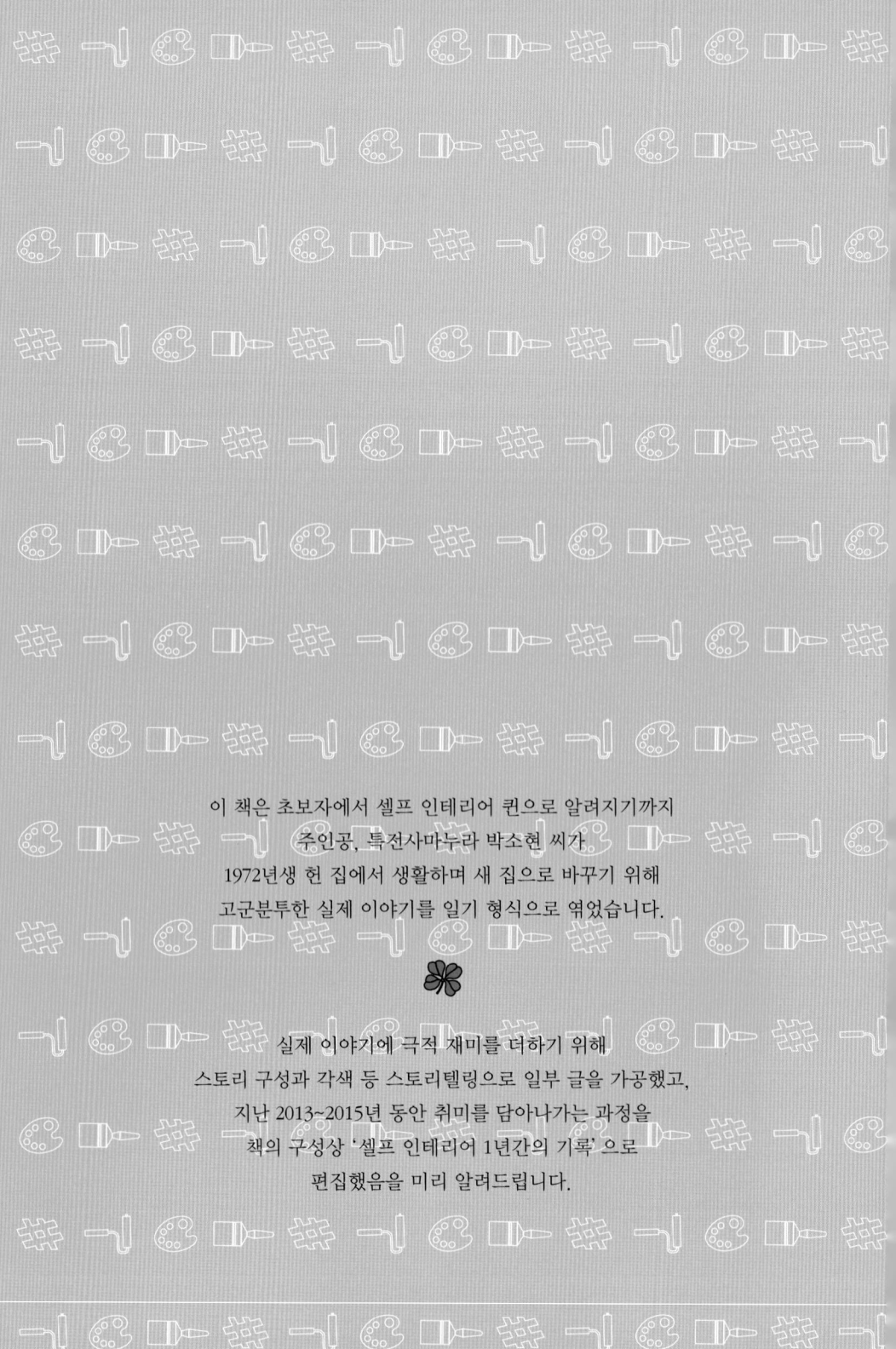

이 책은 초보자에서 셀프 인테리어 퀸으로 알려지기까지
주인공, 특전사마누라 박소현 씨가
1972년생 헌 집에서 생활하며 새 집으로 바꾸기 위해
고군분투한 실제 이야기를 일기 형식으로 엮었습니다.

실제 이야기에 극적 재미를 더하기 위해
스토리 구성과 각색 등 스토리텔링으로 일부 글을 가공했고,
지난 2013~2015년 동안 취미를 담아나가는 과정을
책의 구성상 '셀프 인테리어 1년간의 기록' 으로
편집했음을 미리 알려드립니다.

self interior diary!

취미가 담긴 작은 집

헌 집을 새 집으로 바꾼 셀프 인테리어 1년간의 기록

세상풍경

self-interior contents

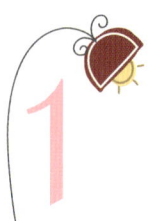

4 그림을 그리다
April / frame

나만의 캔버스 페인팅을 시작으로 다양한 소재와 재료로 '작은 프레임' 안에 그림을 그리면서 '공간'이라는 '큰 프레임'을 깨닫는 시기다.

5 반제품 DIY의 유혹
May / training

공구에 대한 두려움으로 셀프 인테리어를 위한 작업 과정에서 절감한 한계를 도약의 터닝포인트로 바꾼 신선한 발견!

6 수납을 부탁해
June / plus alpha

효율적인 정리와 공간 활용을 위한 수납! 공간을 상상하고 생활 속 동선을 생각한 가구 재배치! 비울 곳은 비우고 채울 곳은 채우는 조화로운 스타일의 작은 집 공간 인테리어!

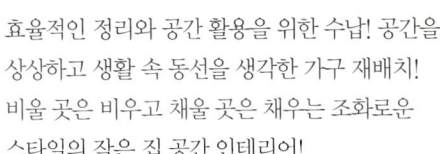

7 변신의 계절
July / renewal

우리 집 리뉴얼을 위한 알뜰 계획 세우기!
전문가의 도움 없이, 저렴한 비용으로 집안 분위기를
바꿀 수 있는 것은 셀프 페인팅!
실전에 앞서 꼭 알아야 할
셀프 페인팅 A부터 Z까지 완전히 마스터하고,
덤으로 얻는 컬러 감각, 셀프 인테리어 스타일링까지!

8 셀프 페인팅 인테리어
August / self painting

공간별 리뉴얼 계획에 따라 셀프 페인팅부터 시작! 거실과 침실은 조화로운 컬러를 위한
만반의 준비 완료! 특히 주방은 오래된 싱크대를 리폼하고, 주방 조명을 교체한다.
집의 첫인상을 결정하는 현관 입구 역시 페인팅과 리폼으로 분위기를 확 바꾼다!

9 자투리 나무
September / DIY

어느새 리포머의 반열에
오르면서 더 많이 사용하게 된
자투리 나무. 의외로 구하기
쉽지 않지만, 만들고 나면
요긴하면서도 멋진
인테리어 소품이 된다.
DIY를 위한 진정한 재료
탐색기!

취미를 담은 내 작은 집… 1년간의 기록

나는 아침에 일어나 눈을 뜨면 제일 먼저 딸아이에게 모닝 우유 한 컵을 주고, 집 청소를 시작한다. 이런 나의 습관이 결혼한 다음 날부터 바로 시작된 것은 아니다.

신혼 초에(4년 전)에는 일주일에 3번 정도 바닥을 쓸고 닦았다. 주부가 이렇게 게을러도 되느냐고 말하는 사람도 있을 것이다. 청소를 게을리한 이유는 아무리 쓸고 닦아도 청소한 티가 나지 않았기 때문이다!

정리정돈을 해도 정리가 안 되었다. 고작 17평에 불과한 작은 집인데도 말이다. 집은 작은데 물건은 넘쳐나고, 수납할 곳은 없고……. 결국 외출해서 친구 만나고 점심 먹고 커피 마시는 밖에서의 생활을 더 즐거워했다.

그렇다. 나는 집에 대한 애착이 없었던 것 같다. 특전사인 남편을 만나 결혼하고 1972년생인 오래된 아파트를 처음 마주했을 때, 신랑에게 울먹이며 이렇게 말했다.

"우리 진짜 여기서 살아야 해?"

"나 여기서 살 수 있을까?"

예쁜 집에서 살게 해주고 싶은 것이 남자의 마음일 텐데…, 지금 생각해 보면 신랑한테 너무 미안한 말을 한 것 같다.

결혼한 지 1년이 지나고 아이를 낳았다. 딸아이와 온종일 함께 있으려니 답답하고 재미없고 집에 있기 너무 싫었다. 그렇다고 매일 같이 아이를 데리고 외출할 수는 없지 않은가! 집에 계속 있고 싶도록, 집에 애착을 가지기 위한 방편으로 셀프 인테리어에 관심을 가지기 시작했다.

'셀프 인테리어'라고 해도 일단 집을 꾸미는 일에는 비용이 들게 마련이다. 내 집도 아닌데 큰돈 들여 인테리어에 투자할 마음은 없었다. 적은 돈으로, 예쁘게 집을 꾸밀 수는 없을까? 거창한 시작이 아닌 지극히 작은 고민으로부터 출발했다.

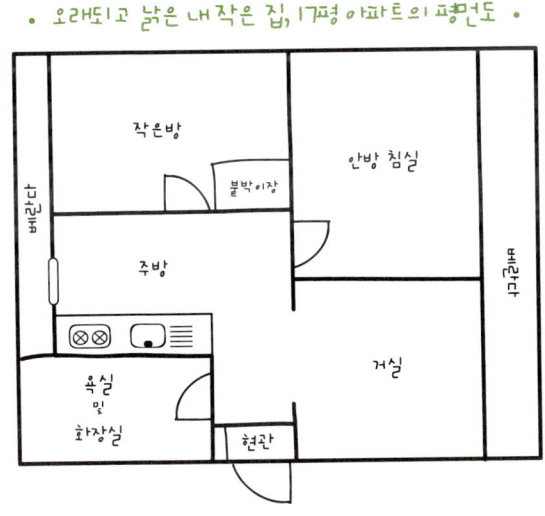

● 오래되고 낡은 내 작은 집, 17평 아파트의 평면도 ●

처음에는 어떻게 만들어야 할지 참신한 아이디어와 방법을 몰라 블로그, 해외 인테리어 사이트 등 남의 것을 따라 하는 '카피캣'으로 시작했다. 그리고 스팸통, 요구르트 병, 버려진 쟁반 등 재활용품에 손대면서 하나둘씩 나만의 '재활용 DIY'를 즐겨 했다. 물론 내가 만든 재활용 소품이 처음부터 예쁘거나 제법 쓸만 할 정도로 견고하지는 않았다. 하루이틀 시간을 들여 기껏 완성했는데 일주일도 되지 않아 버린 적도 있다.

재활용 DIY를 시작하면서 내가 중요하게 생각한 것은 '비록 재활용이지만 재활용한 것 같지 않게 만들자'이다. 누가 보아도 우유곽이고 페트병이면 오히려 집을 더 지저분하게 만든다는 생각 때문이다.

　　먼저 재료를 이리저리 살펴 재료의 특성부터 파악해야 한다. 또 작업시간이 오래 걸리더라도 페인트를 칠하기 전 꼭 프라이머(밑칠) 작업을 하고, 건조시간도 길게 잡는 등 마음의 여유를 두고 천천히 작업하는 것을 선호한다.

　　작은 소품들을 만든 다음에는 셀프 벽 페인팅에 도전했다. 기본 바탕이 예뻐야 소품도 예쁘게 보일 것이 아닌가! 벽 페인팅을 하고 가구를 이리저리 돌려 재배치했다. 발품을 팔아 원하는 반제품 DIY 가구로 바꾸기도 하면서, 나의 집은 조금씩 변하기 시작했다. 그렇게 큰돈 들이지 않고 조금씩 하다 보니 어느새 우리 집은 몰라보게 변했다.

난 나만의 셀프 인테리어에 뭔가 특별한 이름을 붙이고 싶었다. 돈 많이 들지 않는 경제적인 재료로 가성비를 높이고, 친환경 재료로 건강한 산뜻함을 주는 그런 셀프 인테리어! 그래서 나의 셀프 인테리어에 이름을 붙였다. '에코 인테리어'라고…, 울림이 있는 친환경 인테리어!

이름이 생기고 컨셉이 명확해지니 더 흥미가 생겼고, 내 작은 집을 위해 시간과 열정을 더 많이 쏟을 수 있었다. 그리고 이 집에 쏟은 내 노력의 결과를 기록으로 남기고 싶었다. 집 구석구석 사진을 찍고, 인테리어 소품을 만드는 과정과 완성 컷을 블로그에 올렸다.

이미 셀프 인테리어에 관심을 가진 사람들이 많아 내 블로그에까지 관심이 돌아올지는 몰랐다. 블로그 방문자가 하루 100명이었을 때도 '아니 도대체 이 사람들은 어떻게 알고 내 블로그에 들어오는 거지?'라고 그저 신기하게 생각했다. 단순히 내가 하는 작업을 기록하기 위해 블로그를 시작한 것인데, 생각 외로 내가 꾸민 집, 내가 만든 소품에 대한 사람들의 관심은 대단했다.

덕분에 1만 명이 넘는 블로그 이웃들도 생겼다. 방문자 수가 늘어나자 온라인상에서뿐만 아니라 대중매체들도 관심을 갖기 시작했다. 잡지 촬영은 물론, TV 프로그램에도 출연하게 되었다. 방송국의 어마어마한 촬영 장비들을 설마 내 집에서 보게 될 줄이야… 미처 상상하지 못한 일이다!

어마어마하게 비싼 촬영 장비들이 이 작은 집에 와서 구석구석 카메라에 담아가는 일이 새삼 어리둥절했다. 케이블 채널 '홈스토리'에서 우리 집을 자랑하는 시간도 가졌고, 공중파 인기 방송 프로그램인 SBS '스타킹'에서 재활용 셀프 인테리어 퀸으로 소개되기도 했다.

SBS 스타킹에 나간 것은 지금 생각해도 정말 대단히 용기를 낸 일이다. 유명한 MC들 사이에서 재활용 소품 4~5개를 만들고 소개하는 것이었는데, 나도 모르게 손이 덜덜 떨릴 정도로 놀라운 경험이었다. 당시 두렵고 떨리던 마음과는 달리 내 머리는 이렇게 말하고 있었다.

'사람들이 아직 잘 모르고 막연하게 생각하는 에코 인테리어에 대해
소개할 수 있는 좋은 기회야.'

나는 사람들이 쉽게 따라 할 수 있는 재활용 소품 몇 가지를 준비하고 에코 인테리어 방송 촬영을 했다. 방송 후 반응은 기대 이상이었다. 사람들은 '어떻게 이게 풍선으로 만든 조명일까?', '무에서 유를 창조하는 재활용 에코 인테리어', '나도 만들 수 있겠는데, 너무 예쁘다!'라는 반응을 보여주었다. 내가 하는 일에 대해 많은 사람들이 관심을 가져주고 좋아해 준 사실 그 자체만으로 행복하고 뿌듯한 경험이었다.

요즘 나는 4년 전 신혼 때와 달리 손님을 초대해 점심을 대접하고, 티타임도 함께하면서 많은 시간을 집에서 보내곤 한다. 이제는 내 집뿐만 아니라 이웃집의 셀프 인테리어도 도와주고 있다. 어느 정도 시기가 지나면 내 집 인테리어만으로는 한계가 있다. 여러 가지 새로운 시도를 해보고 싶어지기 때문이다. 인테리어를 바꾸기도 여러 번, 솜씨가 늘어갈수록 직접 해보고 싶은 인테리어는 많아지는데 그럴 때마다 이사를 갈 수도 없다. 그럴 때는 내가 해보고 싶은 인테리어를 이웃집에 실행하고 경험함으로써 셀프 인테리어에 대해 지속적으로 꾸준히 공부할 수 있다.

셀프 인테리어에 푹 빠진 내게 집이란? 그것은 내가 원하는 집을 상상하면서 그림 그리고 색칠하는 하나의 스케치북이다. 스케치북에 그림을 그리듯 나는 마음 가는 대로 집을 꾸미고 칠하는 중이다. 가족과 함께 지내는 공간인 집, 내 손으로 꾸미는 셀프 인테리어로 여러분의 스케치북을 하나씩 채워보는 것은 어떨까? 어떤 그림을 그릴지는 온전히 여러분의 몫이다.

'셀프 인테리어'는 현실의 벽에 부딪쳐 의욕마저 잃은 한 게으른 주부를 각성시켰다.
나의 '행복'이 곧 가족의 '기쁨'이라는 사실을……

리폼 & 페인팅 후가공
기본 준비물

1. 사포 : 목재 표면 페인팅 전후 바탕을 샌딩하는 데 필요
2. 붓·세필 붓 : 리폼과 재활용 DIY 시 세밀한 물감 페인팅에 사용
3. 스펀지 : 나무 질감의 느낌을 살릴 때, 스테인을 칠할 때 주로 사용
4. 스무디 스테인 : 나무결의 자연스러움을 살리면서 컬러를 주고 싶을 때 사용하는 착색제
5. 바니시 : 페인트를 칠한 위에 바르는 코팅 마감재
6. 젯소 : 페인트의 접착력과 발색력을 높이기 위해 페인팅 전에 칠하는 용액
7. 오렌지 오일 : 목재 보호용으로 칠한 페인트가 벗겨지거나 변색되는 것을 방지
8. 우드 필러 : 페인팅 전 표면에 패인 홈을 메워 평평하게 만들 때 사용

1. 목공용 톱 : 자투리 나무 등 목재를 자를 때 사용
2. 드라이버 : 일자, 십자 등 피스에 맞춰서 사용
3. 망치 : 무두못을 박을 때 사용
4. 니퍼&펜치 : 전선 피복을 벗길 때, 철사를 절단할 때, 못을 박거나 제거할 때 사용
5. 무두못 : 머리가 아주 작아 못을 박은 후 머리 부분이 표면에 드러나지 않는 못
6. 피스 : 가구나 소품 등의 조립과 액자 등을 벽에 걸 때 사용

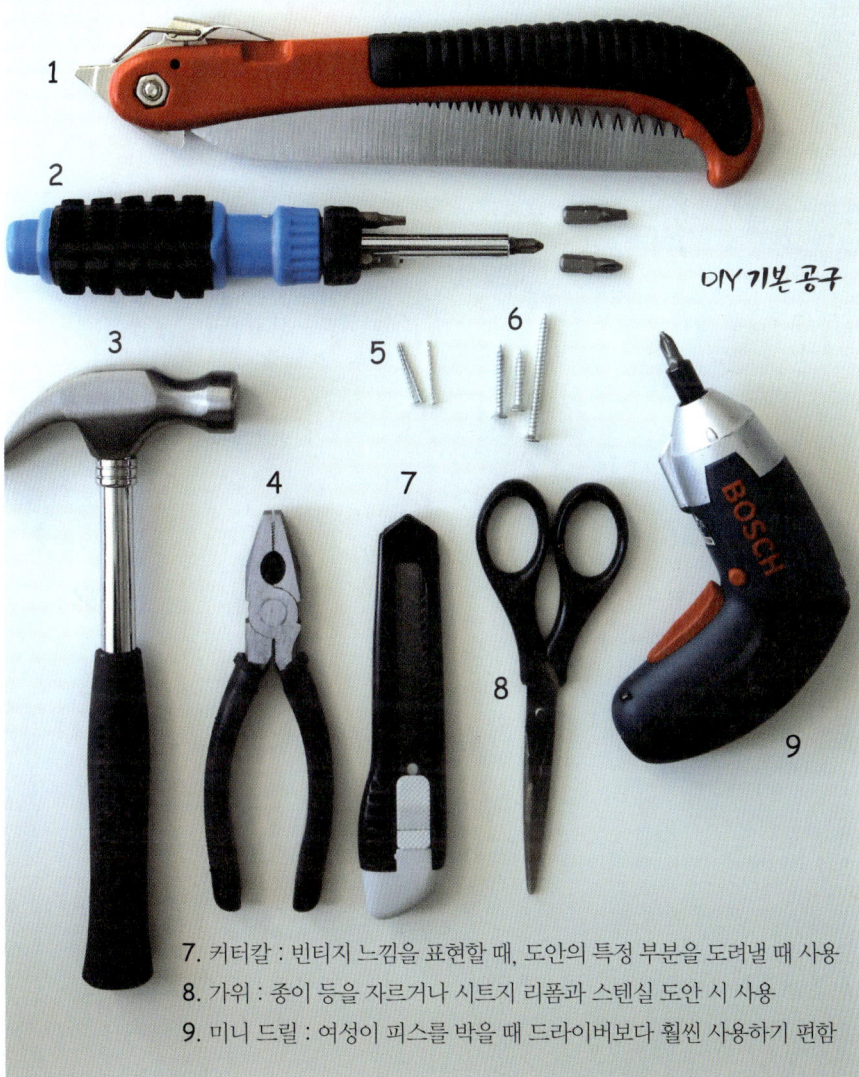

DIY 기본 공구

7. 커터칼 : 빈티지 느낌을 표현할 때, 도안의 특정 부분을 도려낼 때 사용
8. 가위 : 종이 등을 자르거나 시트지 리폼과 스텐실 도안 시 사용
9. 미니 드릴 : 여성이 피스를 박을 때 드라이버보다 훨씬 사용하기 편함

January

도전! 키패드

1

January / copycat

너무 낡고 오래된 17평짜리 아파트. 이곳에서 신혼생활을 시작해야 한다는 슬픔이 있었다. 예쁜 집, 예쁜 가구, 예쁜 그릇…… 신혼의 꿈은 누구나 한 번쯤 그려보지 않나? 집은 예쁘게 꾸미고 싶은데, 어떻게 해야 할지 모르겠다는 이 막막함…….

"여보! 예쁜 소품을 사다 놓으면 집이 좀 예뻐질까?"

"아무래도 달라지겠지?"

신랑과 인테리어 소품 가게에 들러 무작정 예쁜 소품들을 쇼핑하려던 찰나, 문득 주부로서의 본능이 꿈틀거렸다.

'소품 가격이 사악해도 너무 사악해!'

'이렇게 작은 메모꽂이가 뭐 이리 비싸? 이건 그냥 장식하는 소품인데 너무 비싼 거 아냐?'

'이렇게 간단한 소품은 내가 만드는 게 훨씬 낫겠다!'

비싼 가격에 정말 "헉!" 소리가 난 우리 부부는 결국 빈손으로 집에 돌아왔다. 그래도 하나 얻은 게 있었다. 소품 가게에서 우연히 스친 생각…… '나는 유아교육과를 전공했고, 수업에 필요한 교재교구는 직접 만들어야 하는 직업 때문에 늘 가위와 풀, 물감을 접했었지. 그래, 난 나름 손재주 있는 사람이야!'

"그래, 우리 집을 예쁘게 만들 수 있는 소품은 내 손으로 직접 만들어보는 거야!"

바로 '소품 만들기' 폭풍 검색. 남들이 흔히 버릴 수 있는 재활용품으로 소품을 만드는 '재활용 리폼'의 세계에 대해 알게 되면서 '나의 무모한 도전'은 그렇게 시작되었다.

새로운 분야에 입문하면 으레 그렇듯 멘토와 같은 존재가 생기게 마련인 것 같다. 쉽게 구할 수 있는 재활용품으로 멋진 소품을 만드는 다양한 블로그를 알게 되었다. 새미님, 하마미님, 뽐므님…. 내 손으로 만들 수 있는 용기를 준 그들이 고맙다.

'나도 이렇게 별 볼일 없는 재료들을 가지고 예쁜 소품을 만들 수 있을까?'

그때부터 수학의 정석 책처럼 관련 서적도 정독하면서 내 것으로 만들기 위해 다양한 컨텐츠들을 따라 만들어보았다. 처음에는 설명대로 작품이 나오지 않거나 공구, 붓, 페인트 등 재료와 도구가 완벽히 갖춰지지 않아 만드는 데 오랜 시간이 걸리기도 했다. 이런저런 시행착오를 겪으면서 하나둘 이 낡고 작은 집에 어울리는 소품들을 만들어나가게 되었다. 나의 카피캣은 그렇게 시작되었던 것 같다.

카피캣으로 시작한 재활용 DIY는

이 작은 집을 '스케치북'으로 활용하리라는 영감을 주었고,

나는 그렇게 셀프 인테리어에 입문하게 되었다.

빈 상자의 변신!

낡은 상자, 버릴 상자…, 쓰다 남은 어떤 상자도 좋다.
이왕이면 나무로 된 상자가 빈티지스러워 훨씬 감각적이다.

우편함 바디 제작 → 나무젓가락 격자창 → 페인팅 → 사포 → 스텐실 영문 도안 → 우편함 조립

▶ 준비물 : 나무 상자(홍삼 상자) 바디 부분 1개, 나무젓가락 4벌, 수성 페인트(노루표 뽀로로 페인트 크롱민트 그린색), 영문 스텐실 도안, 바니시(마감제), 목공용 접착제, 서류 보관용 투명 파일, 톱, 커터칼, 사포

▶ 소요시간 : 50분

1. 상자의 바디 부분(홍삼 상자 뚜껑은 제외)만 평평하게 놓은 다음 한쪽 면을 대각선으로 자르는 데, 끝부분부터 8㎝ 정도 위치에 연필로 표시하고 톱을 이용해 대각선으로 잘라낸다.

2. 나무젓가락의 굵기를 일정하게 커터칼로 다듬고, 1벌만 3등분으로 잘라 6개를 만든다.

3. 나무젓가락에 접착제를 발라 격자창 모양을 만든다.

4. 격자창 크기에 맞게 투명 파일을 자른다(우편함 투명창 1개).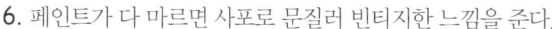

5. 상자와 나무젓가락 격자창을 꼼꼼하게 페인트로 칠한다.

6. 페인트가 다 마르면 사포로 문질러 빈티지한 느낌을 준다.

※ 빈티지 느낌을 더 살리려면 짙은 색(본덱스 오일 스테인 도토리색)을 먼저 칠한 다음 밝은 색(노루표 뽀로로 페인트 크롱민트 그린색)을 덧칠하고, 사포로 희끗희끗 문지르면 된다.

7. 영문 스텐실 도안을 이용해 'POST' 라는 글자를 넣은 다음, 상자 바디와 격자창을 바니시로 1회 칠한다.

8. 격자창 뒤쪽에 목공용 접착제를 바르고, 투명 파일을 붙여 구멍을 막는다.

※ 이때 목공용 접착제로 붙이면 금방 떨어질 수 있는데, 글루건을 사용하면 더 잘 붙는다.

9. 투명 파일을 붙인 격자창을 상자 앞면에 접착제로 단단히 고정시킨다.

※ 벽에 걸려면 남은 투명 파일을 가위로 잘라 고리 모양을 만든다. 펀치로 구멍을 뚫고 우편함 뒷면에 타카로 고정시키면 된다.

빈티지 틴케이스

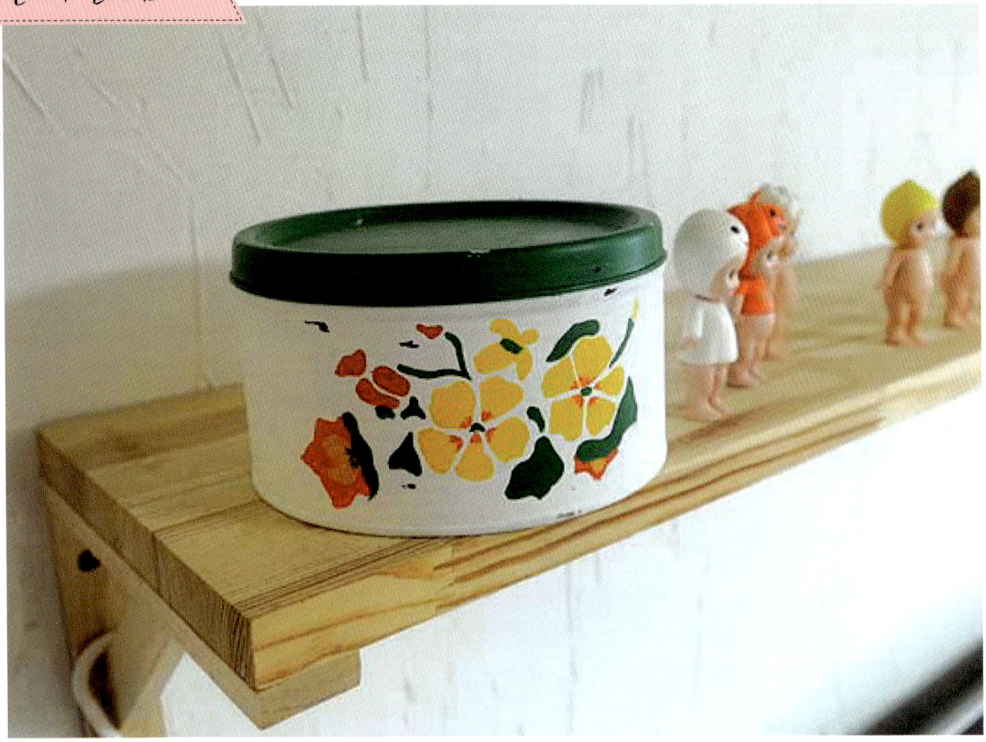

재탄생의 묘미!

요즘은 쿠키도 틴케이스에 들어 있는 것이 많다.
맛있게 먹고 난 쿠키통을 그냥 버리지 말고 수납 용도로 재활용 리폼을~.
마침 집에 캔 재질의 빈 통이 있다면
페인팅과 도안으로 빈티지 틴케이스 만들기에 도전해 보자.

젯소 → 페인팅 → 그림 도안 → 아크릴 물감 채색 → 빈티지 후가공

▶ 준비물 : 원형 쿠키통, 젯소, 면적이 넓은 평붓, 흰색 페인트(올드빌리지 밀크 페인트 1301컬러), 아크릴
　　 물감(노랑, 초록, 주황), 종이, 연필, 얇은 붓, 커터칼, 딱풀, 가위
▶ 소요시간 : 1시간 10분

1. 준비한 쿠키통을 물티슈로 닦은 다음 겉과 안을 젯소로 꼼꼼히 얇게 2회 칠한다.
　 이때 젯소를 1회 칠하고 나서 충분히 말린 후 한 번 더 덧칠한다.

2. 젯소를 다 말린 다음 뚜껑과 바디 부분 전체에 흰색 페인트를 1회 칠한 후 말리고,
　 다시 1회 더 칠한 후 완전히 말린다.

※ 이때 뚜껑이 닫히는 부분은 페인트를 칠하지 않는다.

3. 3회째 바디 부분은 같은 흰색으로 칠하고, 뚜껑은 노란색으로 칠한 후 말린다.

4. 빈 종이에 연필로 도안을 그린 다음 쿠키통 바디 부분에 연필로 연하게 옮겨 그린다.

5. 스케치한 도안을 따라 아크릴 물감으로 색을 입힌다.

6. 빈티지한 느낌을 내기 위해 커터칼로 군데군데 긁는다.

※ 빈티지한 느낌을 한층 더 살리려면 페인팅 컬러를 빈티지한 색상으로 선택하거나
　 스텐실 도안을 잘 활용하면 된다.

---

self interior tip

젯소 작업은 철제 또는 기존에 색이 있는 가구 등을 새롭게 리폼할 때 가장 먼저 해야 하며
꼭 필요하다. 만일 젯소 작업을 거치지 않으면 페인트나 아크릴 물감을 칠할 때 잘 되지 않고,
쿠키통의 밑색이 드러나 새롭게 덧칠할 경우 깨끗한 발색이 되질 않는다.

손바느질 소품

알록달록 다양한 천에 간단한 손바느질로 탄생한 요요 플레이트.
동그란 원형 모양, 하트나 별 모양… 한 땀 한 땀 만들다보면
퀼팅 기법의 인테리어 소품이 탄생한다.
바느질 초보자가 시도하기 딱 좋은 아이템!

재단 → 플레이트 판 천 고정 → 바느질 → 모양 잡기 → 요요 플레이트 연결

▶ 준비물 : 자투리 천 또는 헌 옷, 요요 플레이트 S(원형 요요 지름 3㎝ 크기) 30~50개, 바늘, 실, 가위
▶ 소요시간 : 하루 1시간씩 2일(크기에 따라 만드는 시간이 달라짐) 제작

요요 플레이트를 만들 천은 작아서 못 입는 아이 옷이나 버릴 헌 옷들로 준비한다.
요즘은 패브릭 원단만 전문적으로 취급하는 인터넷 쇼핑몰이 많다. 소재, 색상 등 종류가
굉장히 다양하고, 또 크기별로 판매해 쓸 만큼만 주문할 수 있어 편리하다.

요요 플레이트는 인터넷 쇼핑몰이나 패브릭 판매점, 또는 천원숍에서 구입하면 된다.
톱니 모양처럼 되어 있는 판이 디스크, 디스크를 끼우는 판이 플레이트이다.

1. 먼저 요요 플레이트의 모양과 크기, 수량을 정한
   다음 원단과 플레이트의 크기를 고려해 준비한다.

※ 만들 요요의 크기가 지름 3㎝일 경우 준비할 원단은
   가로 세로 약 8㎝ 길이의 정사각형으로 자른 다음
   모서리를 원형으로 자른다. 바로 플레이트의
   모양대로 잘라도 된다. 요요 1개당 실의 길이는 대략
   50㎝면 된다.

2. 원단을 디스크와 플레이트 사이에 넣고 고정시킨
   다음 시접을 3~5mm 남기고 둘레를 따라 원단을
   자른다.

사진과 같이 천을 재단할 때는 플레이트 크기보다 조금 더 크게 재단해야 한다.
이제 바느질 시작!

3. 플레이트 판을 뒤집어 디스크의 구멍을 따라서
   바느질을 한다.

4. 구멍을 따라 한 땀 한 땀 차례대로 한 바퀴를 돌아
   바느질한 후 시작한 곳에서 실을 길게 뺀다.

5. 플레이트 판에서 디스크를 분리하여 원단을 빼낸다.

6. 길게 빼두었던 실을 잡아당겨 주름을 고르게 잡고, 원형이 되도록 모양을 만든다.

7. 시접 부분은 중심 구멍 안쪽으로 집어 넣는다.

8. 마지막으로 매듭을 짓고 요요 안쪽으로 바늘을 빼서 매듭을 감추고 마무리한다.

9. 요요 플레이트 30~50개를 만들어 한 개씩 서로 바느질로 연결한다.

동글동글 줄지은 요요 플레이트.
나무나 패브릭 옷걸이에 연결해 화장실 문 앞이나 선반 혹은 그림 액자처럼 벽에 걸면
앙증맞은 손바느질 인테리어 소품이 된다.

나뭇가지에 마끈을 연결해 고리로 만들고,
포인트로 우드 집게를 이용해
요요 플레이트를 연결하면
내추럴한 느낌의 요요 플레이트로 완성!

낡은 액자의 가치

낡거나 지겨워져서 버릴까 고민했던 액자가 있다면?
엔틱풍 인테리어 소품을 만들어보자.
물감으로 칠하기만 하면 엔틱풍 스테인드글라스로 재탄생!

액자 분리 → 사포질 → 젯소 → 흰색 페인팅 → 사포질 → 그림 도안 → 스테인드글라스 채색 → 조립

▶ 준비물 : 다이소 액자, 사포, 젯소, 흰색 페인트, 페인트 평붓, 스테인드글라스 물감, 면봉, 볼펜
▶ 소요시간 : 1시간

집에 낡은 액자가 없다면 다이소에서 2천 원짜리 액자를 준비한다.

1. 액자 뒤판, 필름판, 테두리를 분리해 사진 또는 그림을 떼어낸다.

2. 빈티지한 느낌을 주기 위해 액자 테두리에 사포질을 한다.

3. 액자 테두리에 젯소를 1회 칠하고 완전히 건조시킨다. 그런 다음 흰색 페인트로 1회 더 칠하고 완전히 말린다.

4. 다시 사포로 액자 테두리를 빈티지하게 표현한다.

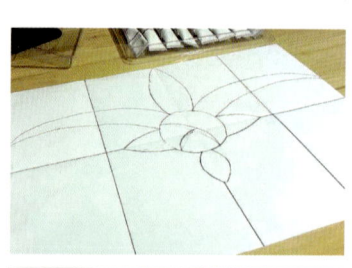

다이소에서 구입한 액자 크기는 A4 용지 사이즈.

5. 액자 크기에 맞는 흰 종이를 선택해 볼펜으로 스테인드글라스 문양을 그려 도안을 만든다.

※ 그림 그리기가 익숙하지 않다면 연필로 먼저 스케치한 다음 볼펜으로 그려도 좋다.

6. 도안 위에 분해한 필름판을 올린다. 그런 다음 비치는 도안을 따라 검은색 스테인드글라스 물감을 짜면서 테두리를 그린다.

※ 처음 할 때는 일정한 두께로 물감을 짜면서 그리기가 어렵다. 이럴 때는 반투명 테이프를 도안 라인을 따라 양옆으로 필름판에 나란히 붙인 후 짜면서 그린 다음 테이프만 벗겨내면 된다.

자, 이제부터는 원하는 색으로 칠하고, 그러데이션 효과도 주자!

스테인드글라스 물감은 냄새가 좀 많이 나는 편이다.
날씨가 괜찮다면 창문을 열어두고 색칠하자.

7. 먼저 도안에 칠할 색깔을 정하고, 검은색 테두리
안에 스테인드글라스 물감을 하나씩 짠다. 칠할 때는
물감을 소량 짠 다음 면봉으로 살살 펴주면서
문지르면 된다.

※ 그러데이션 효과는 면봉으로 색상끼리 자연스럽게
연결시키면 된다.

8. 20분 정도 충분히 말린 다음 액자 틀에 끼워 조립한다.

저렴한 가격으로 이렇게 환골탈태한 모습을 보니 성취감이 든다. 비록 카피캣이지만….

스테인드글라스는 작은 집 거실 문틀에 달아주면
들어오는 현관 입구에서부터 눈에 확 띄어 집이 훨씬 더 예뻐 보인다.

테이블 위에 올려두거나 벽에 걸면
집안 분위기를 새롭게 연출하는 인테리어 소품이 된다.

• 사포는 이럴 때 이렇게 •

사포질은……

1. 빈티지 스타일의 소품을 만들 때 부분 부분에 스크래치 표현을 하면 훨씬 감각적인 소품을 만들 수 있다.

2. 나무의 거친 부분을 부드럽게 연마할 때 수동 샌딩기나 손 크기의 자투리 나무 토막을 이용해 사포질을 하면 한결 편리하다.

사포를 구입할 때는……

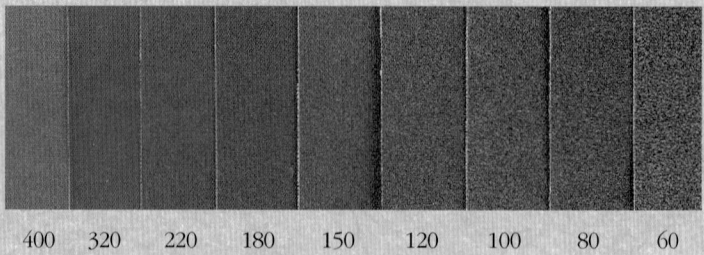

| 400 | 320 | 220 | 180 | 150 | 120 | 100 | 80 | 60 |

3. 사포는 천 재질의 사포와 종이 사포가 있다. 천 사포는 가성비가 종이 사포에 비해 좋다. 잘 찢어지지 않아 여러 번 사용할 수 있고, 작업할 때 손에 잡기도 좋다.

4. 사포 표면의 거친 정도를 '방'으로 표기하는 데, 사포 뒷면에 숫자로 표기되어 있다.

5. 방의 숫자가 클수록 고운 결을 내는 사포다. 반대로 숫자가 작을수록 거칠다. 초보자는 거친 사포로 시작해 고운 사포로 마무리하면 작업할 때 한결 수월하다.

6. 마지막 마감 작업에는 320~400방, 가구나 방문 등에 샌딩할 때는 150~220방, 거친 나무를 연마하거나 소품의 코팅을 벗겨 리폼을 할 때는 80방→150방→220방 순으로 사포질을 하면 된다.

6천8백 원의 행복

작지만 가성비 좋고, 멋스러운 빈티지 전구.
돈 많이 들이지 않아서 더 행복한 인테리어 소품 만들기!

전구 소켓 전선 연결 → 돼지코 전선 연결 → 안전망과 전구 소켓 조립 → 알전구 조립

▶ 준비물 : 안전망, 알전구, 전선, 코드, 전구 소켓, 니퍼(또는 가위와 커터칼), 드라이버
▶ 소요시간 : 30분

비록 나의 셀프 인테리어는 카피캣으로 시작했지만,
슬슬 온전히 내 아이디어로 뭔가를 만들고 싶어지기 시작했다.

그때쯤 이 작은 집의 한 코너를 빛나게 해줄 반짝반짝 빛나는 조명이 만들고 싶어졌다.

그러다가 알게 된 빈티지한 조명.

동네 철물점에서 적당한 재료를 발견하고 도전해 보기로 결심! 안전망, 알전구, 전선, 코드,
전구 소켓 등 동네 철물점과 조명가게를 들러 구입한 재료비의 총액은 모두 6,800원!

1. 전구 소켓을 돌려 뚜껑과 몸통을 분리한다.

2. 니퍼를 이용해 전선의 피복을 벗겨낸다. 소켓 구멍
   안으로 피복을 벗긴 전선줄을 통과시킨다.

3. 그리고 나서 잔 전선들을 꽈배기 모양으로 돌돌
   말아준다. 이때 손 다치지 않도록 조심!

4. 드라이버로 소켓 몸통의 피스를 약간 풀어 전선을
   감아준 후 다시 드라이버로 피스를 조인다.

5. 뚜껑과 몸통을 돌려서 다시 조립한다.

이제는 돼지코 차례다! 먼저 드라이버를 이용해 돼지코를 분해하자.

전구 소켓의 전선과 같은 방법으로 똑같이 하면 끝!

6. 플러그의 피스를 풀어 플러그를 분리한 다음 드라이버로 플러그 안의 피스를 약간 풀어준다.

7. 니퍼를 이용해 전선 끝에서부터 2㎝까지 피복을 벗긴다. 피복을 벗기면 구리선이 보이는데 구리선을 각각 꽈배기 모양으로 돌려준다.

8. 사진과 같이 구리선을 피스에 돌돌 감는다.

9. 선을 잘 정리하여 플러그 입구 쪽 홈 안으로 밀어 넣는다. 그런 다음 플러그의 뚜껑을 씌운 후 다시 조립하면 된다.

이제 안전망으로 빈티지 전구를 완성할 차례! 안전망은 전구가 깨지지 않도록 도와주는 역할을 한다. 금색도 있지만 은색이 조금 더 빈티지스러운 것 같다.

  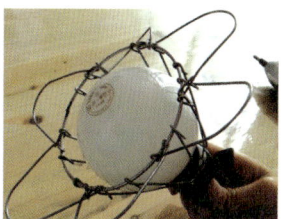

10. 안전망과 전구 소켓을 연결시켜야 한다. 안전망의 피스를 풀고 입구를 넓혀 전구 소켓을 끼운 후 피스로 다시 조인다.

11. 안전망의 끝을 벌려 입구를 넓힌 다음 전구 소켓에 알전구를 돌려 끼운다.

두근두근~. 불이 과연 켜질까?

조명을 "탁!" 켜보니 생각보다 환하고 너무 예쁘다!

캠핑장에 갈 때 가지고 가면 쓰임새가 많을 것 같다.

불을 켜지 않아도 은근 멋스럽다. 한쪽 코너 장식에 딱이다.

February

셀프 인테리어에 눈을 뜨다

2

February / harmony

카피캣으로 시작한 재활용 소품 만들기가 한창 재미있을 무렵 문득 이런 생각이 들었다.

'내가 만든 소품 자체는 참 예쁜데, 왜 우리 집에는 어울리지 않는 것 같지?'

만드는 재미에 흠뻑 빠져 하나씩 재활용 소품이 늘어가면서 미처 집안 분위기를 고려하지 않았다는 것을 깨닫게 되었다. 애써 만든 소품들이 빛을 발휘하지 못하는 느낌이랄까? 예쁘게 만드는 것만이 전부는 아니라는 생각이 들었다.

그랬다. 노르스름한 바탕에 화려한 꽃무늬 포인트 벽지가 붙어 있는 이 작은 거실에 알록달록한 소품을 여기저기 놓으니 소품들이 묻혀버리는 거였다. 학교 다닐 때 미술 시간을 떠올려보면 흰 도화지나 캔버스에 알록달록한 물감으로 그림을 그려 나가지 않나. 인테리어도 이처럼 흰 바탕을 기본으로 해야 한다는 걸 느끼게 되었다.

어느 날, 인테리어 서적을 보는데 눈처럼 하얀 핸디코트로 칠해진 화이트 벽의 느낌이 너무도 예뻐 보였다. 특히 흰색임에도 감각적으로 붙여진 구성이 꽤나 멋스러웠다. 내 눈을 사로잡은 파벽돌 인테리어! 난 곧바로 재료 조사를 시작했다.

파벽돌의 가격대는 66개에 27,000원 정도인데, 좀 비싼 것 같다. 조금 더 저렴하게 작업하고 싶은 마음에 또 한 번 폭풍 검색!

드디어 찾은 파벽돌 재료. 그것은 문구점에서 파는 파벽돌 모양의 우드락이다. 이것을 오려서 벽에 붙이고 핸디코트로 발라주면 진짜 파벽돌처럼 보인다는 것.

'진짜 파벽돌은 아니지만 작은 주방의 반쪽 벽만 시공한다면 그럭저럭 느낌이 좋을 것 같아!'

붙이는 데 필요한 우드락이 5장이니까 모두 7,000원의 재료비가 드는 셈이다! 하지만 가로 20㎝, 세로 6㎝의 일정한 크기로 40개의 우드락 벽돌을 만들어야 하는 고충이 따랐다. 그래도 재료비를 이만큼 절약할 수 있는 게 어디야! 무엇보다 내가 만든 소품들과 조화를 이룰 수 있을 것이라는 기대가 더 컸다.

그렇게 우드락과 핸디코트를 활용해 주방 한쪽을 파벽돌 인테리어로 꾸몄다. 작업을 완료하고 나자 슬슬 거실로 시선이 쏠렸다.

모름지기 작은 것만 들여다보면 전체의 조화를 놓칠 수 있는 법!

그렇다. 아무리 멋진 고가의 소품일지라도
집 전체의 느낌과 조화를 이루지 않는다면 그것은 무용지물이다. ─────

'거실도 깔끔하게 핸디코트로 칠해볼까? 아니다! 이건 욕심이다.'

무척 하고 싶었지만 고민 끝에 거실은 포기했다. 오랜 시간 작업으로 어깨와 손목에 통증이 오기 시작했다. 주방을 작업할 때 핸디코트의 무게 때문에 손과 손목에 무리가 온 모양이다. 사실 스크래치 모양을 적당히 표현하기가 너무 어려웠다. 주방보다 훨씬 넓은 면적의 거실을 칠할 용기가 없었던 것이다.

결국 난 매끄럽게 페인팅을 하는 것으로 결정했다. 색상은 연보라색 페인트로…, 왜 연보라색이냐고? 그냥 내가 좋아하는 색이니까. 하지만 칠하고 나자마자 곧 후회가 밀려왔다. 벽 전체를 연보라색으로 칠하고 보니 집안 전체 분위기가 어두워 보이고, 작은 집이 더 작아 보였다. 특히 가구들과 어울리지 않았다.

"흑 흑… 여보! 내가 연보라색 페인트 주문할때 날 좀 말리지 그랬어!"

"여보가 연보라색이 예쁠것 같다며…! 이런 망했네! 여기 거실도 주방처럼 핸디코트로 그냥 모두 다 칠해버려!"

"내가 무슨 슈퍼맨이냐? 페인트 구입한 돈도 아깝고…; 아쉽지만 그냥 둬야겠어!"

——————————————————————— 나는 그렇게 셀프 인테리어에 눈을 뜨게 되었다.

아쉬움을 뒤로 하고 그렇게 1주, 2주 지내다 보니 거실이 마치 아이 방 같은 느낌이 들어 견딜 수가 없었다. 더욱이 햇빛이 잘 들지 않는 흐리고 비오는 날이면 어두컴컴해지면서 기분마저 우울해졌다.

도저히 견딜 수 없어 혼자서는 할 수 없는 탓에 신랑을 설득하고 달래기를 며칠. 결국 거실 전체 벽도 주방과 같은 핸디코트로 칠하게 되었다!

거실은 주방과 비교해서 상대적으로 면적이 넓어 하루 만에 끝내지 못하고 이틀에 걸쳐 완성했다. 그래도 둘이서 함께 작업한 덕에 빠르게 끝난 편이었다.

'휴, 거실도 해냈구나. 상상한 것처럼 심플하다.'

작업이 끝나고…, 결국 우리 부부는 서로 손잡고 한의원에 가서 침을 맞았다.

순간의 잘못된 선택으로 한 번 할 일을 두 번 한 꼴이 되었지만, 카페 같은 느낌의 거실로 재탄생해 무척 뿌듯했다. 어떤 가구나 소품들과도 다 잘 어울리는 이 거실 벽이 나는 좋다. 참 좋다! 이것으로 셀프 인테리어의 본격적인 서막을 올리는 계기가 되었다.

내 작은 집은 1972년생이다.

딱히 소개할 것도 없는 오래되고 낡은 군인 아파트다. 처음에 이사 왔을 때는 '여기서 살아야 하나?' 하는 절망적인 생각이 들기도 했었다.

하지만 나름대로 정성껏 꾸며서 살기로 마음 먹은 이후론, 어디 하나 내 손길 안 닿은 곳이 없다.

앞으로는 더 행복하고 아늑한 집으로 만들 것이다.

현관 쪽에서 본 우리 집 거실. TV와 에어컨 모두 결혼해서 신랑과 알뜰살뜰 열심히 모아 하나둘 바꾼 살림이다.

집이 작은 탓에 거실은 좌식 생활을 선택했다. 기다란 원목 테이블도 원래 길게 다리가 붙어 있는 제품이지만, 다리를 떼어내고 공간 박스 위에 올려야만 했다.

수납에 도움을 주는 철제 수납함으로 아이 책이랑, 장난감, 기저귀, 물티슈 등을 정리했다.

원목 의자로 아이 자리도 만들어주었다.

기다란 테이블은 지인들이 왔을 때 매우 유용했다. 음식과 음료로 테이블을 세팅하고 옹기종기 모여 함께 이야기하면서 먹을 때마다 '기다란 테이블을 구입하길 참 잘 했구나!'라는 생각을 하곤 했다.

거실 베란다는 정말 작다. 협소한 공간이지만 빈티지스러운 빈 병과 몇 권의 책을 나름 앙증맞게 배치했다. 제라늄, 워터코인, 장미허브, 애플민트, 알로카시아로 미니 정원도 만들었다. 화초를 키운 지는 겨우 한 달 정도. 그럼에도 이렇게 무럭무럭 잘 자라고 있다. 3월에는 분갈이를 해야 할 것 같다.

좁은 주방의 벽면 인테리어

정리를 해도 왠지 어수선해 보이고 답답해 보이기까지 한 좁은 주방.
공간의 딜레마는 바로 벽. 하지만
이 작은 공간에 전체 컨셉을 부여하고 대표 컬러를 선택한다면…,
문제의 벽은 우드락 파벽돌과 핸디코트로 재탄생된다.

컨셉 결정 → 우드락 재단 → 우드락 파벽돌 시공 → 핸디코트 시공이 좁은 주방에 컨셉을 부여하기로 했다.

마치 파릇파릇한 화초들 옆에 아늑하면서도 든든하게 서 있는 담벼락처럼….

여러 색깔을 훼손하지 않고 포용하는 깨끗한 느낌의 컬러.

그래, 컨셉은 '정원의 주방'! 그렇게 나는 주방의 컨셉과 컬러를 정했다.

▶ 준비물 : 얇은(5mm) 우드락 29×44cm 크기 5장,
　　　　　 핸디코트 5kg 1통, 가위, 커터칼, 자,
　　　　　 면장갑과 비닐장갑(또는 고무장갑), 고무
　　　　　 헤라, 스테인리스 헤라, 양고대, 퍼티
　　　　　 판, 마스크, 신문지, 커버링 테이프

▶ 소요시간 : 1시간 40분(작업 인원 2명)

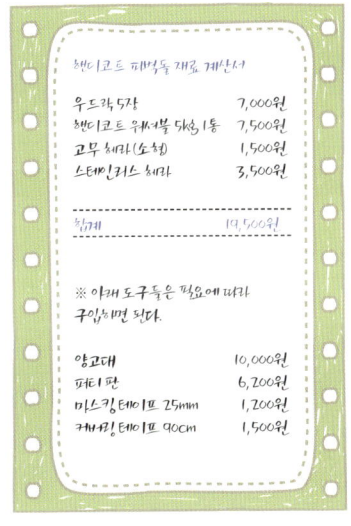

핸디코트 파벽돌 재료 계산서

우드락 5장	7,000원
핸디코트 위너불 5kg 1통	7,500원
고무 헤라(소형)	1,500원
스테인리스 헤라	3,500원
합계	19,500원

※ 아래 도구들은 필요에 따라 구입하면 된다.

양고대	10,000원
퍼티 판	6,200원
마스킹 테이프 25mm	1,200원
커버링 테이프 90cm	1,500원

공사를 하기에도 비좁은 주방. 하지만…
작업의 순서를 잘 정한 후 시작하면 무리없이 속전속결로 완성할 수 있다.

먼저 우드락 파벽돌을 만들자!

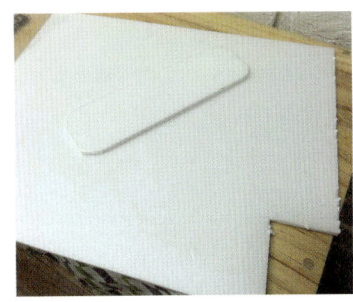

1. 우드락에 자를 대고 연필로 가로 20cm, 세로 6cm 직사각형으로 면 분할을 해서 그린다.

2. 직사각형을 칼로 자른 후 모서리 부분은 가위로 둥글게 다듬어준다.

※ 자른 우드락을 벽면에 하나씩 배열해 본 후, 한 줄에 몇 개가 들어가는지, 엇갈리게 배열했을 때 짧은 길이의 우드락이 몇 개 필요한지 체크해야 한다.

내가 만든 우드락 파벽돌은 40개 정도다. 이제 만든 우드락 파벽돌을 하나씩 벽면에 붙이기!

핸디코트 시공할 면 외에 주변의 청결을 위해
마스킹 테이프나 비닐이 달린 커버링 테이프를 붙인 다음 시공하면 깔끔하다.

3. 우드락 뒷면에 핸디코트를 얇게 소량 발라 벽에 하나씩 붙인다. 이때 일정한 간격을 두고 붙이면 더 예쁘게 보인다.

4. 손으로 한 줌 정도 핸디코트를 덜어 벽에 붙여놓은 우드락 표면에 펴 발라준다. 우드락과 우드락 사이는 손가락으로 핸디코트를 발라준다.

※ 우드락 파벽돌을 시공할 때는 손으로 자연스럽게 질감을 표현하면 된다.

우드락 파벽돌 시공이 끝났다면 나머지 벽면에 핸디코트 시공을 하자.
넓은 면적에는 양고대가 필요하다. 만일 양고대가 없다면 남은 우드락을 활용하자.

5. 핸디코트를 퍼티 판에 적당량 덜어 양고대나 스테인리스 헤라로 얇게 펴 바른다.

6. 스테인리스 또는 고무 헤라로 핸디코트를 바르면서 질감을 표현한다. W자 모양이나 대각선 방향, 수직과 수평 방향 등 원하는 패턴으로 척척 때리듯이 펴 바른다. 이때 핸디코트가 마르기 전에 원하는 패턴을 표현해야 한다.

※ 면적이 넓을 경우 먼저 바른 핸디코트가 마를 수 있다. 이럴 때는 분무기로 물을 뿌리면 된다.

내 작은 주방의 딜레마는 바로 벽면이었다.

좁은 주방의 답답한 벽면을 컨셉에 따라

정원에 있는 담벼락처럼 바꾸니 너무도 아늑해졌다.

헤라로 깨끗한 화이트에 거친듯 내추럴한 질감을 표현하니 더욱 멋스럽다.

빈티지한 느낌으로 주방을 채워나가고 싶다.

원목 수납장과 패브릭, 주방 소품으로 포인트를 주려고 한다.

수납장이 부족한 주방의 단점을 보완하면서도

'정원의 주방'을 한껏 살릴 수 있는 소품 인테리어로….

좁은 주방에서 주방도구들을 이리저리 옮기는 그런 사투는 이제 그만하고 싶다.

어떻게든 주방을 조금이라도 넓게 쓰기 위해

머리를 쥐어짜 내며 매 순간마다 번뜩이는 아이디어를 메모하곤 했다.

가장 필요한 것은 멀티형 수납장이다.

자리를 많이 차지하지 않으면서 수납이 용이하고, 보기에도 예뻐야 한다.

이러한 요건을 만족하면서도 좁은 주방의 전체적인 조화를 생각해야 한다.

궁리 끝에 내가 선택한 방법은 '조리대 겸용 패브릭 수납장'이다.

밥솥, 토스트기, 쌀통, 오븐 등 주방기기들을 수납하고, 상단은 조리대로 사용한다.

문을 달지 않아 공간을 줄일 수 있는 커튼식 도어로 지겨워지면 그때그때

산뜻하게 간단한 방법으로 리폼할 수 있는 만능 수납장!

아직은 DIY 가구에 자신이 없어 동네 근처 공방에서 비싼 값을 지불하고 맞춘 2단

조리대 겸용 수납장. 그러나 순전히 내 아이디어로 탄생한 가구라는 점에 만족했다.

먼저 핸디코트 바른 벽 앞에 조리대 겸 수납장을 배치하고, 주방용품들을 수납했다.

생각보다 많은 주방용품들이 넣을 수 있었다.

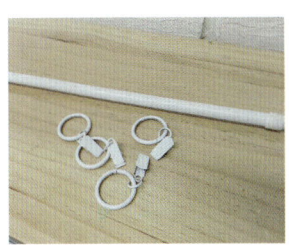 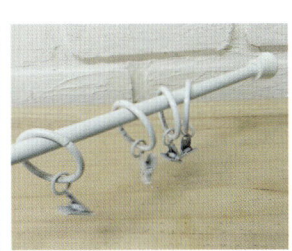 

도어를 만들기 위해 링고리 집게와 커튼봉, 패브릭 천을 구매했다. 압축 커튼봉의
길이를 수납함 크기에 맞춰 설치한 다음 링고리 집게를 꽂아 커튼을 달았다.

짠~! 수납된 주방용품들이 다 가려지는 순간!

"드르륵 드르륵" 좌우로 열리고 닫히니 공간 확보까지 되어 1석2조!

패브릭이 싫증날 때, 계절이 바뀔 때마다 바꾸어주면

주방 분위기도 확~ 달라질 것이다!

컨셉을 담은 거실 인테리어

집 전체의 조화로움을 고려해 공간 하나하나에 컨셉을 부여하라!
작은 집일수록 컨셉이 중요하다.
정한 컨셉에 따라 메인 컬러를 선택하고,
포인트 인테리어로 마무리하면 끝!

컨셉 결정 → 메인 컬러 선택 → 시공 재료 선택 → 벽면 시공 → 포인트 인테리어

다소 미흡한 작업이었지만……

처음 시도한 핸디코트 시공치고는 나름 멋스럽게 변신했다.

특히 남편과 함께 두 팔 걷어붙이고 한 작업이라 그런지 기쁨도 2배, 작업 능률도 2배!

깨끗한 화이트 톤의 담벼락으로 변신한 주방의 벽은

좁은 주방을 조금이라도 넓게 보이게 하는 시각적 효과가 있었다.

핸디코트가 조금 남았는데 내친 김에 거실도 컨셉을 담아 변신을 시도해 보기로 했다.

거실의 컨셉은 내추럴 스타일을 가미한 '빈티지 카페'다.

이 작은 집에 처음 이사 왔을 때 나름 꾸민다고 선택했던 꽃무늬 포인트 벽지.

차츰 인테리어에 관심을 가지기 시작하면서 처음으로 시도했던 바이올렛 페인트.

그리고 이제 화이트 톤의 핸디코트로 다시 변신할 예정이다.

사실 바이올렛 페인팅은 순간의 잘못된 선택으로 언젠가는 바꿀 생각이었다.

'공간에 대한 컨셉' 없이 선택한 컬러…, 그 끝은 밀려오는 후회와 실패감뿐….

하지만 내게 중요한 것을 깨우쳐준 최고의 경험이었다.

▶ 준비물 : 핸디코트 5㎏ 1통, 면장갑과 비닐장갑(또는 고무장갑), 마스크, 고무 헤라와 플라스틱 뿔 헤라(가로 15.5㎝), 퍼티 판, 양고대, 커버링 테이프(90㎝), 마스킹 테이프(25㎜), 글루건, 파덱스50본드, 타카, 로프행거, 명함꽂이, 신문지, 수성 스테인, 미송합판패널-두께 4.8㎜×폭 80㎜, 길이 1400㎜, 1300㎜, 1200㎜, 840㎜, 150㎜ 각 2장씩

▶ 소요시간 : 1시간 30분(작업 인원 2명)

가장 먼저 해야 할 것은 거실 공간의 컨셉을 정하는 것!
내추럴 스타일을 가미한 '빈티지 거실'로 정하고
그에 맞는 재료를 선정한다.

핸디코트 벽면 시공 후 컨셉에 따른 후가공을 위해
도안을 그리고 미리 필요한 나무 패널을 주문해 둔다.

거실 인테리어의 변신을 위한 사전 준비가 모두 끝나면 핸디코트부터 시작하자.
주방 벽면 시공 때도 마찬가지지만,
핸디코트를 벽면에 바르는 과정은 미리 충분히 숙지한 다음 작업을 시작한다.

작업하기 전에 항상 보양 작업을 먼저 해주어야 한다.

페인트가 묻으면 안 되는 바닥에 비닐이나 신문지를 깔고, 벽 스위치나 몰딩 등 주변 청결과
깔끔한 시공을 위해 마스킹 테이프, 커버링 테이프를 붙인다.

1. 먼저 바닥과 벽면의 경계 부분에 비닐이 달린 커버링 테이프를
붙인다(면적에 따라 신문지 또는 비닐을 추가로 깐다). 그런 다음 천장과 벽면의
경계 부분에 수평을 유지하며 마스킹 테이프를 붙인다.

2. 핸디코트를 퍼티 판에 적당량 덜어 거실 벽면에 양고대나 칼 헤라로 얇게 펴 바른다.

※ 한 번에 두껍게 바르면 마르고 나서 균열이 생길 수 있다.

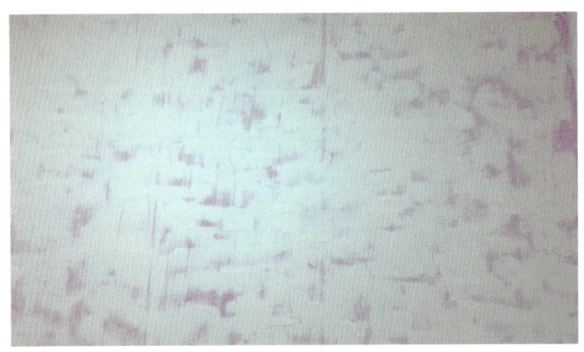 

3. 헤라를 이용해 W자 등 원하는 모양으로 척척 때리듯이 바르면서 질감을 표현한다.

※ 면적이 넓을 경우 먼저 바른 핸디코트가 마를 수 있다. 이럴 때는 분무기로 물을 뿌리면 된다.

4. 핸디코트를 모두 바른 후 건조시킨다. 마른 벽면에 흰색 페인트로 한 번 더 칠한다.

※ 핸디코트로 시공한 벽면은 생활 속에서 쉽게 얼룩이 묻고, 가루가 생길 수도 있다. 이럴 때는
흰색의 페인트로 덧칠을 하면 코팅 효과가 있으며, 좀 더 밝은 톤의 화이트 벽면이 된다.

핸디코트가 마르는 동안 미리 준비한 나무 패널로 후가공 작업을 시작하자.

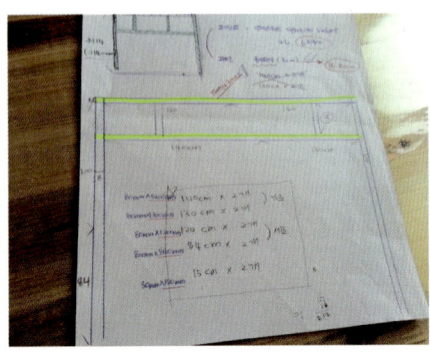 

※ 미리 도안을 그린 다음 나무 패널이 몇 개 정도 필요한지 체크한다.

※ 나무 패널은 인터넷 쇼핑몰 DIY 취급점에서 원하는 소재와 사이즈로 주문한다.

※ 미송합판패널 두께 4.8㎜에 폭 80㎜, 길이는 1400㎜, 1300㎜, 1200㎜, 840㎜, 150㎜로 각 2장 씩 준비한다.

5. 신문지를 깐 다음 나무 패널에 수성 스테인을 1회 칠하고 마르면 다시 1회 더 칠한다.

※ 나무 패널 작업은 미리 해두면 훨씬 편하다.

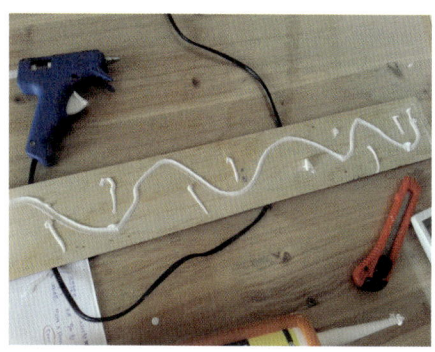 

6. 패널 뒷면에 글루건과 파덱스50본드를 칠한 후 구상했던 도안과 같이 벽에 붙인다.

※ 글루건과 파덱스50본드는 굳는 속도가 **빠르므로** 바른 직후 곧바로 붙인다.

7. 패널과 패널의 연결 부위는 타카로 박는다. 핸디코트의 질감 때문에 패널이 벽에 부착되지 않고 뜨는 부분이 있는데 뜬 공간은 글루건으로 채운다.

8. 로프행거, 명함꽂이 등 원하는 빈티지 스타일의 인테리어 소품을 나무 패널에 부착한다.

• 핸디코트 써머리 •

핸디코트는……

1. 손으로 바르기 쉬운 마감재로 진짜 이름은 퍼티(Putty)라고 한다.

2. 공해가 거의 없고 자연 물질로 이루어져 있어 화재 시 유독가스를 내뿜지 않아 비교적 안전하다.

3. 벽지, 나무, 벽돌, 시멘트, 석고보드 등 각종 벽면 위에 사용할 수 있다.

핸디코트를 구입할 때는……

4. 핸디코트의 종류는 의외로 다양하다. 벽면 셀프 인테리어로 사용하기에는 방수 기능이 있는 워셔블이나 내부용 핸디코트, 라이트 중 선택하면 된다. 다만 초보자일 경우는 뻑뻑하지 않고 바르기 쉬운 워셔블을 선택하자.

핸디코트에 필요한 도구는……

5. 핸디코트를 칠하고 질감을 표현하기 위한 도구인 헤라. 헤라는 다양한 크기와 재질 중 사용하기 편한 것으로 선택하면 된다.

6. 넓은 면적에 사용하는 양고대(흙손), 핸디코트를 담을 퍼티 판, 주변 오염을 방지하는 비닐이 달린 커버링 테이프와 마스킹 테이프

7. 마스크와 장갑(면장갑, 고무장갑, 비닐장갑, 라텍스 장갑)

핸디코트를 시공할 때는……

8. 실내 온도가 5℃ 이상이어야 하며, 넓은 면적은 한 번에 두껍게 바르면 균열이 생기기 쉬우므로 얇게 여러 번 바른다.

9. 시공할 벽면의 오염물을 깨끗하게 닦은 후 핸디코트를 칠하면 좋다. 그러나 기존 벽지나 페인트 색 등을 제거하지 않고 시공해도 무방하다.

10. 생활 속에서 가루가 생길 수 있으니 완전히 마르고 나서 바니시나 흰색 페인트를 덧발라 한 번 코팅하는 것도 좋으나 이 과정은 생략해도 된다.

계획했던 구상대로 내추럴 스타일의 빈티지 거실이 완성되었다!

나무 느낌은 화이트 핸디코트 벽에 참 잘 어울린다.

며칠 후…, 핸디코트 벽면 시공에 자신감이 생긴 우리 부부는

TV가 있는 거실 벽면에도 핸디코트를 마저 시공했다.

벽 선반은 제거할 수 있었지만 에어컨과 TV를 옮길 수 없어 무척 작업이 까다로웠다.

다소 어려운 작업이었지만 거실 벽면 시공도 모두 완성!

지난번에 만들었던 요요 플레이트를 걸어보니 멋스럽다. 무분별하게 만들었던

인테리어 소품들이 이제는 전체적으로 조화를 이룬다.

그때는 몰랐다. 바뀐 거실의 모습이 매우 흡족하기도 했지만, 꽤나 까다로운 작업

과정이라 지금의 거실이 훗날 또 다른 모습으로 하나둘 변신할 줄을……

March

칠판 페인팅에 빠지다

3

March / chalkboard painting

핸디코트로 셀프 인테리어에 한창 재미가 생겼을 무렵…, 침실 벽면에 칠할 컬러를 고르러 페인트 가게에 들른 나. 가게에 들어서자 내 시선을 단숨에 확 사로잡은 것이 있었다. 넓은 나무판 위에 검은색 페인트를 칠하고 있는 가게 직원의 모습. 나도 모르게 조금씩 가까이 다가가기 시작했다.

"뭐 만드시는 거예요?"

"아~네. 칠판 페인트 홍보 좀 하려고 칠판 만들고 있습니다."

"칠판 페인트요? 그럼 이 페인트를 바르면 칠판처럼 분필로 지웠다 썼다 할 수 있는 거예요?
근데 제가 아는 칠판은 초록색인데…?"

"이건 초록색, 보라색, 검은색 등 다양한 컬러가 나오는 제품이에요."

그 순간 내 머리로 스쳐가는 많은 아이디어들…. '이 칠판 페인트 한 통이면 여기저기 다양하게 쓸 수 있겠어. 오홋! 게다가 예쁜 소품들도 많이 만들 수 있겠어!' 시선을 강탈당한 칠판 페인트 덕분에 원래 사려던 페인트는 까맣게 잊어버리고 말았다.

집에 돌아오자마자 곰팡이가 펴서 버리려던 낡은 도마에 쓱싹쓱싹 칠판 페인트를 칠했다. 마음이 급해서 설명서도 안 읽고 그냥 칠해버린 나. 뭔가 잘못된 느낌이 서서히 밀려 드는데……

'젯소' 라는 초벌 페인트를 칠한 후 칠판 페인트를 바르고, 완전히 건조시킨 후 2~3회 덧발라야 한다고 설명서에 떡하니 적혀 있는 것이 아닌가! 또 붓보다는 롤러의 사용을 권장한다고……

칠판 페인트와의 첫 만남이 그렇게 실패로 돌아간 후로 난 물건을 구매하면 무조건 설명서부터 꼼꼼히 읽는 버릇이 생겼다. 아무튼 칠판 페인트를 칠할 때는 빨리 완성하려는 급한 마음을 뒤로 하고, 천천히 천천히 '건조의 시간'이라는 기다림이 필요하다.

한동안 그렇게 칠판 페인트에 푹 빠진 나는 도마, 유리병, 화분, 자투리 나무 등 칠할 수 있는 모든 곳에 죄다 바르고 바르고 칠했다. 칠판 페인트로 몇 가지 소품도 완성했다. 어느 날 이웃집 언니가 놀러 왔다. 내가 만든 소품에 관심을 보이기 시작하더니….

"이거 뭐야? 칠판이야?"

"언니도 이 블랙 카리스마에 빠졌구나! 맞아요, 칠판 페인트인데 칠하는 곳마다 칠판이 되지요!"

"이거 벽에 발라서 아이들 낙서할 수 있는 큰 칠판으로 만들어주면 좋겠어."

"오홋! 그거 좋은데요. 벽에 바르면 그 공간이 전부 다 칠판이 되니까…."

"그래! 이거 우리 집에도 칠해줄래? 재미있을 것 같아."

"그래요, 그럼 준비되는 대로 언니네도 칠해 드릴게요!"

호언장담하기는 했지만 막상 약속한 작업일이 다가오니 가슴이 두근거리고 살짝 불안하기도 했다. '내 집이 아니라서 그럴까?' 그래도 잘할 수 있을 거라는 굳은 마음으로 작업 시작! 우선 비용과 시간을 줄이기 위해 젯소 작업을 생략하는 대신, 칠판 페인트를 건조시키고 다시 칠하기를 3회 반복하기로 했다. 1L짜리 칠판 페인트 2통을 주문해서 거실 한쪽 벽면을 칠했다.

"기왕이면 한쪽 벽면만 칠하지 말고 거실 전체 면을 모두 다 칠해줘."

"네? 페인트가 검은색이라서 전체는… 아무래도 어두워 보이지 않을까요?"

"아니, 오히려 더 아늑해 보일 것 같은데? 난 괜찮으니까 칠해줘!"

예상보다 일이 커져버린 상황. 우선 가까운 페인트 매장에 가서 1L짜리 칠판 페인트 2통을 추가로 더 구매했다. 아무래도 총 3회를 칠해야 하기에 사용되는 페인트의 양이 많다.

여기서 잠깐! 페인트를 구입하기 전에는 미리 칠할 면적을 면밀히 계산한 다음 페인트의 양을 정해 구입하는 것이 좋다!

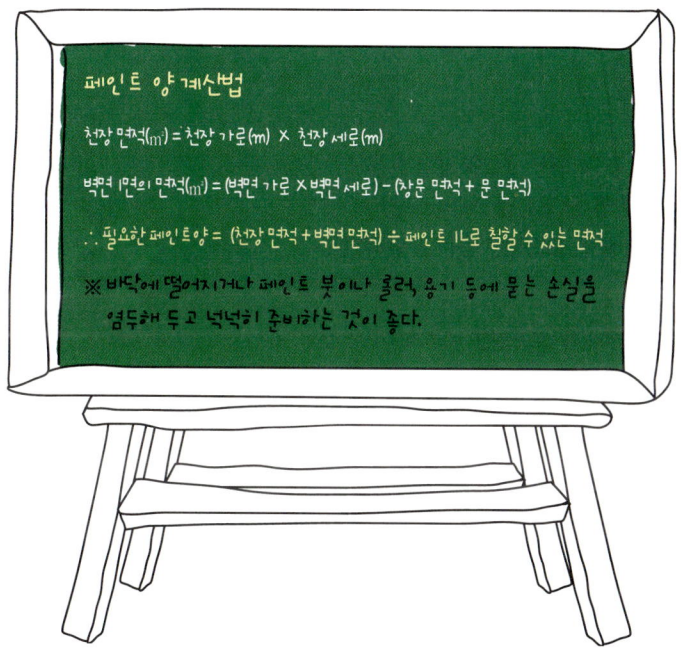

그렇게 난 하루 내내 이웃집 언니네 거실 온 벽면을 칠판 페인트로 칠했다. 비록 고생은 되지만 칠판 페인트로 작은 인테리어 소품들만 만들던 내게는 벽 전면을 칠할 수 있는 이런 기회가 색다른 경험이 된다.

사실 처음에는 검은색으로 벽 전면을 칠하는 것은 무모하다고 생각했다. 하지만 생각처럼 거실 분위기는 어둡지 않았고, 내 예상과는 달리 알록달록한 피규어들이 많은 언니네 집 분위기와 멋진 조화를 이루었다. 오히려 더 아늑한 거실이 되었다!

언니네 가족은 거실 벽에 자유롭게 낙서, 메모, 그림을 그리면서 아직까지도 예쁘게 잘 사용하고 있다고 한다.

"도전으로 이룬 성공은 더욱 짜릿하다!"

망치면 또 어떤가!
소심함, 두려움, 걱정은
셀프 인테리어에서
불필요하다는 것을 알게 되었다.
때로는 과감함이 필요하다.
새로운 시도는
셀프 인테리어의 안목을
넓힐 수 있는 계기가 된다.

비로소
이 작은 집이 내 손을 거치면서
재미, 희열, 성취감, 감성을 느끼게 하는
취미가 되기 시작했다.

1석2조의 이색 페인팅

집 벽면을 블랙 빛이 감도는 칠판 페인트로 칠해보자.

벽 전면 또는 한쪽 코너 벽, 문, 씽크대, 냉장고 등…

특히 아이를 위해 마음 놓고 낙서할 수 있는 공간을 꾸미는 건 어떨까?

홈 카페를 원한다면 지금 시도하기!

보양 작업 → 칠할 면적 순서 정하기 → 페인팅 → 건조

▶ 준비물 : 칠판 페인트(켈리무어 1L 4통), 장갑, 마스크, 붓,
　　　　　롤러, 페인트 트레이, 커버링 테이프(90㎝), 마스킹
　　　　　테이프(25㎜), 신문지, 분무기, 사포
▶ 소요시간 : 14시간(작업 인원 1명)

칠판 페인트의 색상은 제조사에 따라 의외로 다양하다.
칠판 분위기를 내려면 다소 밝은 톤의 그린, 다크 그린,
블랙 중에서 선택하면 된다.

이웃집 페인팅이니 주인장의 의견에 따라
블랙으로 거실 벽면을 시공하기로 했다.
사실 이웃집 거실 벽면에는 알록달록 정말 다양한
원색의 피규어가 많다. 블랙 빛이 감도는 그린은
이 집의 포인트 소품과 조화를 잘 이룰 것이다.

페인팅 전에는 꼭 보양 작업을 먼저 하기!
페인트가 묻으면 안 되는 곳곳에 마스킹 테이프와 커버링 테이프를 꼼꼼히 붙이자.

떼기 힘든 벽면 피규어 선반장의 지지대는 분리하지 않고 비닐로 씌운 후 페인팅 시작!

1. 시공할 표면의 오래된 더러움, 곰팡이 등의 이물질을 제거한다.

2. 깔끔한 시공을 위해 보호해야 할 곳곳에 마스킹 테이트와 커버링 테이프를 붙인다.

3. 칠판 페인트를 트레이에 적당량 담아 페인트 붓과 롤러 붓을 넣고 페인트를 충분히 적신다.

※ 브러쉬가 있는 페인트 붓은 먼저 분무기에 물을 담아 살짝 뿌려 부드럽게 만든 후 사용한다.
  사용 후에는 미지근한 물과 세제로 세척한 다음 보관한다.

4. W자나 M자 모양으로 전면을 얇게 1회 칠한다.

※ 실내 온도가 10℃ 이하나 30℃ 이상에서는 작업을 하지 않도록 한다.
  또 습기가 많은 부분은 충분히 건조시킨 후 작업을 시작한다.

5. 1회 칠하고 2시간 이상 말린 후 덩어리지지 않도록 얇고 고르게 1회 더 칠하고 건조시킨다.

※ 칠할 면적이 넓을 경우에는 건조시간을 예상해서 칠할
  면적을 나눈 다음 한 면씩 칠하면 전체 시공 시간을
  단축시킬 수 있다.

※ 2회 칠한 후 3~4일 정도 완전히 말리고 나서 칠판으로
  사용하도록 한다.

※ 샌딩 작업이 필요한 곳은 500방 사포로 표면을 매끄럽게 한다.

이렇게 거실 전체를 검은색으로 도배하기란 정말 드문 일이다.
그러나 결과는 대만족! 의외로 아늑한 느낌이다.

그렇지만 집 분위기에 따라 칠판 페인팅 면적을 잘 고려해 시공하자!
오래된 냉장고 문이나 방화문은 적극 추천한다!

칠판 페인트의 장점은 벽면의 오염이 잘 보이질 않는다는 점.
분필로 낙서한 부분은 물티슈로 지우면 깔끔하게 지워진다.

때로는 낙서도 할 수 있고, 좋은 메시지도 적을 수 있다.
때로는 초크 아트로 포인트를 줄 수도 있다.

그런 너는 1석2조의 이색 페인팅!

self interior tip

칠판 페인트 선택 요건! 무독성 친환경 페인트, 아크릴 100%
수성 페인트, 마찰에 강하고 단단한 도장 면으로 반영구적인
페인트, 커버력이 좋고 표면이 매끈한 페인트가 좋다.

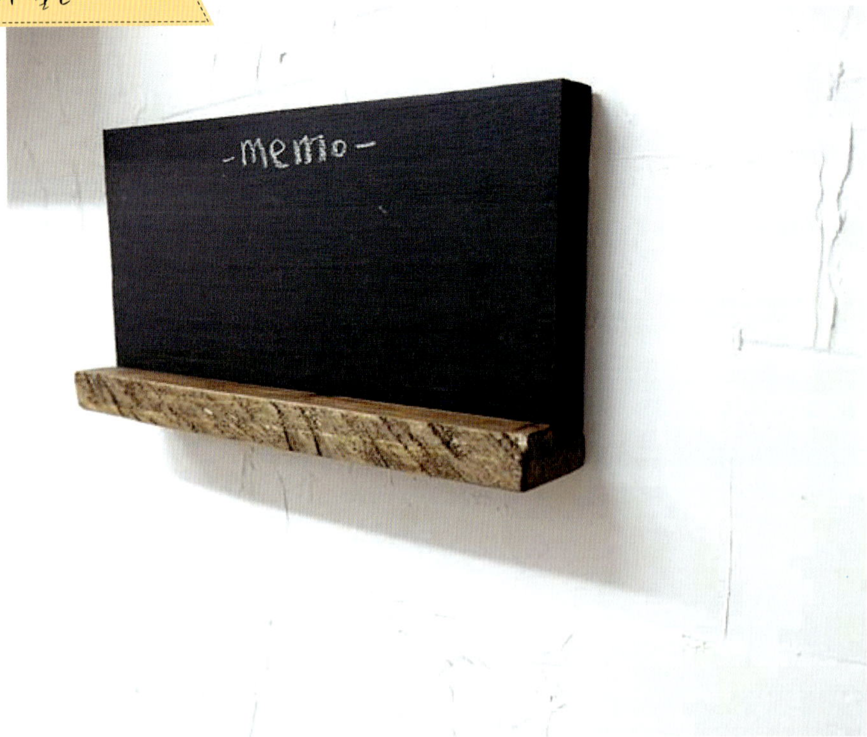

요긴한 자투리 나무

자투리 나무로 앙증맞은 미니 칠판 만들기!
못 쓰는 나무에 칠판 페인트만 칠하면 주방 분위기를 업그레이드해주는
유용한 인테리어 소품이 된다.
오늘의 저녁 메뉴, 급하게 장 볼 목록 등을 적을 수 있는 간단한 메모 기능까지~.

재단 → 젯소 → 칠판 페인팅 → 사포질 → 조립

▶ 준비물 : 자투리 나무(네모판, 홈 있는 받침대), 칠판 페인트, 젯소, 오일 스테인(본덱스 도토리색), 붓, 스펀지,
　　　　　목공용 접착제, 무두못, 망치
▶ 소요시간 : 50분(건조시간 포함)

좁은 주방에는 역시 1석2조의 소품이 제격이다.

메모 기능에 인테리어 효과까지⋯, 게다가 만드는 재료비도 착하다.

'오늘 저녁 메뉴는 밥 없음!' 어떤 날은 장난스러운 문구로 일상의 재미도 느낄 수 있다.

못 쓰는 자투리 나무라면 더욱 좋다.

메모를 할 수 있는 나무판과 홈이 있어 지지대 역할을 하는 받침대를 준비하자.

1. 원하는 칠판 사이즈를 정한다. 그런 다음 알맞은 나무 판과 받침대 크기로 자른다. 재단은
   톱으로 하고, 잘린 면은 사포로 다듬어준다.

※ 받침대의 홈은 나무 판의 두께에 맞게 연필로 받침대 나무에 홈을 그린다. 그런 다음 끌을
   대고 망치로 톡톡 때린 후 끌로 천천히 밀어내면서 홈을 파고, 사포질로 마무리한다.

2. 칠판이 될 네모 판에 젯소를 1회 칠한다. 받침대는 스테인(도토리색 본덱스)을 스펀지에 묻힌
   후 1~2회 칠한다.

※ 칠판 페인트를 칠하기 전에 먼저 젯소를 바르면 칠판 페인트의 밀착력을 높일 수 있다.

이제 칠판 페인트로 칠하자!

 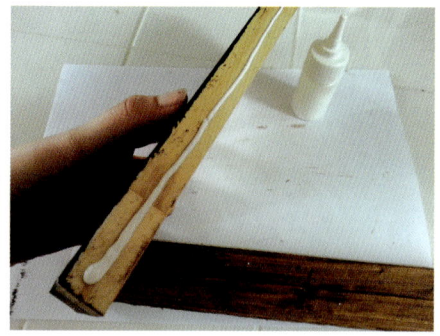

3. 젯소가 마르면, 칠판 페인트를 1회 칠하고 고운 사포로 표면을 매끄럽게 사포로 문지른다. 다시 1회 더 칠하고 사포로 다듬는다.

※ 1회 도포 후 완전히 말린 다음 덧칠을 하고, 2회 이상의 덧칠은 권장하지 않는다.

4. 상판과 받침대의 고정되는 면에 목공용 접착제를 바른다. 그런 다음 상판과 받침을 틀에 맞춰 연결하고 무두못과 망치로 고정시킨다.

문구점에서 알록달록 파스텔 톤의 분필도 구입하고⋯, 저렴한 비용으로 간단하게 인테리어 소품 하나를 완성했다!

초크 아트의 신세계

블랙의 시크함이 너무나 매력적인 칠판 페인팅.
이제는 한 걸음 나아가 독보적인 초크 아트에 도전해 보자.
지저분해진 나무 도마, 곰팡이 핀 도마도 블랙 옷을 입히면
카페 스타일의 소품으로 변신!

그림 도안 → 젯소 → 칠판 페인팅 → 건조 → 그림 그리기

▶ 준비물 : 도마, 칠판 페인트, 젯소, 붓, 아크릴 물감 또는 흰색 마커 펜
▶ 소요시간 : 40분(건조시간 포함)

칠판 페인트와 초크 아트를 활용하면 홈 카페 분위기를 연출할 수 있다.

우선 집에 있는 못 쓰는 나무 도마나 우드 트레이를 찾아 깨끗하게 닦자.
변신할 도마에 그릴 밑그림도 미리 몇 가지 그려보자.

자, 사전 준비가 되었다면 칠판 페인트 칠하기!
내가 사용한 칠판 페인트는 켈리무어의 블랙 색상으로 250㎖ 작은 용량이다.

1. 도마에 젯소를 1회 얇게 칠한 후 건조시킨다.

2. 젯소가 완전히 마르면 칠판 페인트를 얇게 1회 칠한 후 건조시킨다.

3. 먼저 칠한 페인트가 완전히 마르면 칠판 페인트를 다시 한 번 더 얇게 칠한다.

4. 페인트가 완전히 마르면 흰색 아크릴 물감 또는 마커 펜으로 그림을 그린다.

아직은 초크 아트라고 말하기에는 부족한 실력이다.
지금은 초크 아트의 신세계에 문을 열고
한 걸음 디딘 정도!

self interior tip

페인팅 후 마지막에 액체형 바니시를 발라 코팅 작업을 해도 좋다. 이때 붓결이 남지 않도록 최대한 부드러운 붓을 사용하는 게 좋고, 바니시는 칠판 페인트와 되도록 성분 궁합이 맞는 제품을 사용해야 얼룩이 생기지 않는다. 분필로 쓰고 지울 용도라면 견고한 코팅막을 해주는 것이 좋다.

포인트 리폼

칠판 페인트로 집안을 꾸밀 수 있는 곳은 의외로 많다.
그중 메모 기능이 필요한 곳에 칠판 페인트를 칠해보자.
단조로운 화분이나 양념병 뚜껑에 손맛 나는 글씨를 써 넣으면
전체를 페인팅하지 않아도 리폼의 효과는 좋다.

젯소 1회 → 건조 → 칠판 페인팅 1회 → 건조 → 칠판 페인팅 1회 → 건조 → 분필로 글씨 쓰기

▶ 준비물 : 화분, 칠판 페인트, 젯소, 붓
▶ 소요시간 : 30분(분갈이 포함)

봄이 되니 분갈이가 필요한 화분이 눈에 띈다. 분갈이도 하고 지겨워진 화분에 새 옷도 입히자.
이번에는 화분 전체를 칠하지 않고 특정 부분만 변화를 줄 예정이다.

화분 준비 → 젯소 1회 → 칠판 페인트 2회 도장 → 건조 → 분갈이 흙과 화초 준비

1. 페인팅 할 화분에 젯소를 1회 칠한다.

2. 젯소가 마르면 칠판 페인트를 2회 칠해 도장한다. 칠할 때는 먼저 칠판 페인를 1회 얇게 칠
   하고 잘 말린 다음, 1회 더 칠한다.

칠판 페인트가 완전히 마르면 분갈이 시작!
화분에 물받이 망을 깔고… 없을 때는 양파망을 잘라 화분 구멍을 막자.
촉촉한 새 흙을 화분에 담고 신홀리페페를 화분에 옮겨 심으면 분갈이 완료!

분필로 'Peperomia' 라고 손맛 나게 이름을 적으면 끝!

매일 꽃을 피우고 있는 기특한 제라늄 화분도 변신시켜 줄까?
2개의 화분을 나란히 놓으니 빈티지 느낌이 물씬물씬~!

▶ 준비물 : 양념병, 칠판 페인트, 젯소, 붓
▶ 소요시간 : 60분(건조시간 포함)

오래 된 양념병. 변화를 주기에 딱 알맞은 리폼 후보 중 하나다.

양념병 뚜껑 세척 → 물기 제거 → 젯소 1회 → 칠판 페인트 2회 도장 → 건조

페인트를 칠하기 전에는 무조건 젯소를 발라야 칠판 페인트가 잘 접착된다.
뚜껑에 분필로 양념 이름을 적으려면 적어도 하루는 지나야 하니까
전날 저녁에 칠하고 밤사이 건조되면 다음 날 분필로 양념 이름을 기입하자.

1. 양념병 뚜껑에 젯소를 1회 바른다.

2. 젯소가 마르면 칠판 페인트를 2회 칠해 도장한다. 칠할 때는 얇고 고르게 1회 칠하고 완전히 건조시킨 다음, 1회 더 칠한다.

3. 분필로 양념의 이름을 적는다. 글씨를 지우고 싶을 때는 물티슈로 지우면 된다.

칠판 페인트로 양념병 뚜껑에 포인트 리폼을 하니
빈티지 풍의 주방 소품 역할도 한다!

01420 Garden Design

April

그림을 그리다

4

April / frame

캔버스 그림과 컬러링북이 유행처럼 퍼진 그림 그리기. 셀프 인테리어에 애착이 생긴 난 컬러링북보다 캔버스 그림에 더 관심이 있었다. 인테리어 소품으로 바로 활용할 수 있다는 점에서 훨씬 더 매력적이었다. 그리기도 쉬워 보였다.

'음~. 밑그림 안에 채색만 똑같이 하면 되는구나.'

캔버스 위에는 밑그림이 그려져 있고 샘플 도안의 숫자와 물감 뚜껑 위 같은 숫자를 찾아 칠만 하면 된다. 마치 숨은 그림을 찾는 듯한 느낌이다. 혹시라도 덤벙거려 실수하는 사람을 위해 채색이 완료된 샘플까지 구비되어 있다.

'이정도면 그림에 소질 없는 사람도 얼마든지 그릴 수 있겠어!'

명화, 팝아트, 풍경화 등 정말 다양한 그림들이 많다. 그러나 난 예쁘고 특이한 일러스트 그림이 더 좋다. 하지만 이런 캔버스 그림들은 모두 비슷비슷하다.

'쉽게 그릴 수 있는 것은 좋지만 이렇게 그려서 뭐하겠어.'

뭔가 내 그림이 될 수 없다는 생각이 들었다. 부족한 실력이지만 난 나만의 그림을 그리고 싶다. 카피캣으로 재활용 DIY를 시작했던 것처럼, 내가 원하는 그림을 찾아 캔버스에 옮기고 나만의 캔버스 페인팅을 하기로 했다.

내가 그리고 싶었던 일러스트 그림들 몇 점을 찾았다. 화방에서 캔버스를 구입하고 캔버스 크기에 맞춰 그림도 확대 복사했다. 물론 이것 역시 카피캣이지만 기성 제품과는 완전히 다르다. 나의 캔버스 아트는 이렇게 하려고 한다.

원하는 일러스트 그림을 출력 → 캔버스 크기에 맞춰 확대 복사하기 → 복사한 그림을 캔버스 위에 올려놓고 도안 그리기 → 물감으로 칠하면 끝!

인터넷 쇼핑몰에서 파는 DIY 캔버스 페인팅은 사이즈와 그림에 따라 가격이 다르다. 보통 10,000~35,000원까지 금액이 만만치 않다. 반면에 내가 선택한 캔버스 DIY는 캔버스 구입가 7,500원, 확대 복사비 300원이라는 비용이 든다. 당연히 기성 제품에 비해 저렴하다. 물론 기성 제품은 물감까지 포함된 가격이지만 그림에 필요한 색과 양만 포함되어 있다. 다행히 나는 기존에 가지고 있는 25색 아크릴 물감 덕분에 새로 구입하지 않아도 된다.

그렇게 난 캔버스 그림 몇 점을 그렸고, 소품으로 활용했다.

문득 집안 분위기에 변화를 주고 싶을 때가 있다. 오늘이 그런 날이다! 캔버스 그림 외에 뭔가 다른 것을 찾고 있는 나….

'그래, 이젠 나도 다양한 재료를 실험해 봐야겠어!'

나는 가끔 해외 인테리어 사이트에서 셀프 인테리어 아이디어를 얻곤 한다. 내게 신선한 충격을 안긴 하얀 캔버스 위 검은색 선들…. 그리고 집 공구함을 살피다 검은색 전선 테이프를 발견했다.

'캔버스에 물감으로만 그림 그리라는 법은 없지!'

그 이후…, 난 집안에서 그림 그릴 '프레임'을 발견하면 크든 작든 그림을 그렸고, 그림의 소재와 재료는 점차 다양해지기 시작했다!

캔버스부터 접시까지 '작은 프레임' 안에 그림을 그리면서

카피캣으로 셀프 인테리어에 입문했던 것처럼
　　　　　나는 그렇게 다시 카피캣으로 그림을 그리게 되었다.

'공간'이라는 '큰 프레임'을 인지하기 시작했다.

프레임 № 1 캔버스

캔버스 아트 기성 제품 대신 저렴한 가격으로
나만의 캔버스 아트 DIY 만들기!

도안 출력 → 도안 확대 복사 → 도안 자르기 → 스케치 → 채색 처음 캔버스 그림을 그릴 때는 망치면 버려도 될 만큼 저렴한 재료비로 시작하자.

내가 처음 선택한 캔버스의 가격은 큰 사이즈가 5,000원.
작은 건 2,000원이라 실패에 대한 두려움보다는 안도와 자신감을 주었다.

그리고 싶은 도안은 이미지를 전문적으로 판매하는 사이트나 인스타그램을 통해 찾았다.
때로는 약간의 비용을 들여 이미지를 구입해 도안으로 사용하기도 했다.
만일 저작자가 분명한 그림이라면 캔버스에 저작자의 이름을 기입하면 된다.

그릴 그림의 도안은 먼저 프린트를 한 후 캔버스 크기에 맞춰 확대 복사를 한다.
그런 다음 그림 라인을 따라서 자른다.
자른 그림은 캔버스 위에 올린 후 라인을 따라 먼저 연필로 테두리를 그린다.

그림 도안을 그릴 때는 캔버스 자체가 워낙 하얗기 때문에
연필로 너무 진하게 그리지 말고 살살 쓱쓱 그려주면 된다.

채색을 할 때는 원 그림과 비슷한 색깔로 칠해도 좋지만
나만의 개성을 살릴 수 있는 색상을 선택해 컬러링을 해보자.

▶ 준비물 : 캔버스, 도안, 연필, 지우개, 가위, 아크릴 물감, 붓, 물통, 팔레트
▶ 소요시간 : 40분(그림에 따라 다를 수 있음)

1. 도안용 그림 샘플은 A4 용지에 맞게 출력한 다음 문구점 등에서 확대 복사한다.
   이때 캔버스 크기에 맞춰 원하는 그림의 크기를 조절해 복사한다.

2. 확대 복사한 도안의 테두리를 따라 가위로 자른다.

3. 자른 도안을 캔버스 위에 올린 다음 연필로 연하게 테두리만 그린다.

4. 꽃, 선, 동그라미 등 도안의 세부적인 모양을 그려 넣는다.

※ 이때 연필로 너무 진하게 그리면 물감 색에 따라 채색 후에도 스케치 자국이 보일 수 있다.
   따라서 스케치는 연하게 그리는 것이 좋다.

5. 채색을 할 때는 연한 색의 물감부터 진한 색의 순으로(흰색 → 검은색) 연하게 칠한다.

※ 아크릴 물감은 물로 농도를 조절할 수 있다. 그림의 명암을 고려해 첫번째 채색 과정에서는
   연하게 칠하는 것이 좋다.

6. 전체 채색 작업이 끝나면 잘 말린 후 1회 더 칠한다.

※ 아크릴 물감은 덧칠할수록 색이 뚜렷하게 나오고 유화 느낌의 그림이 된다.
   덧칠로 그림의 명암을 살리면서 디테일한 표현을 시도하자.

7. 저작권자의 이름 등 글자는 네임펜으로 그려 넣는다.

완성한 그림을 벽에 걸 때는…
못 없이 액자를 걸 수 있는 방법이 없을까?
접착 찰흙을 이용하면 된다!
접착 찰흙을 조물조물 주물러서 캔버스 뒤 양쪽 끝에 붙인다.
만일 그림 크기가 크다면 접착 찰흙을 여러 개 붙이면 된다.

프레임 Nº 2 자투리 나무

자투리 나무가 있다면 팝아트 스타일의 사인보드를 만들자.
방과 화장실 문 앞, 주방 벽이나 선반, 서재 책장, 베란다 텃밭에 걸어두면
감각적인 컬러의 포인트 소품이 된다.

사인보드 도안 → 연필 스케치 → 젯소 → 사인보드 전면 페인팅 → 아크릴 물감 채색 → 조립

▶ 준비물 : 자투리 나무, 젯소, 페인트(올드빌리지 13-25 Corner Cupboard Yellowish white), 페인트 붓, 철사, 드릴, 도안, 연필, 지우개, 아크릴 물감, 붓, 물통, 팔레트
▶ 소요시간 : 50분

캔버스, 소가구 외에 그림을 그릴 수 있는 프레임이 있다.
이번에는 자투리 나무에 타이포그래피를 그려보자.

원색의 포인트 컬러로 감각적인 팝아트 스타일의 사인보드 만들기!

먼저 마음에 드는 글자 스타일의 사인보드 도안을 출력하자.

캔버스 그림을 그릴 때와 같은 방법으로….

연필로 자투리 나무에 출력한 도안을 그린 후 채색하면 된다.
지난번에 빈티지 우편함을 만들고 남겨둔 홍삼 박스 뚜껑을 활용했다.

1. 사인보드로 만들 도안을 찾아 출력한다.

2. 자투리 나무에 젯소를 1회 칠한 다음 완전히 말린다.

3. 원하는 페인트 색으로 사인보드 전면을 1회 칠하고 말린 다음 다시 1회 더 칠한다.

※ 페인트는 얇고 고르게 칠한다.

4. 페인트가 완전히 건조되면 연필로 연하게 스케치를 한다.

※ 프린트한 도안을 보면서 자투리 나무 위에 스케치를 한다. 이때 그리다 틀리면 지우개로 지워야 하는데 너무 진하게 그리면 자국이 남는다. 또 채색 후에도 연필 자국이 보일 수 있다.

5. 그림에 채색할 부분을 정하고 원하는 색을 선택한다.
   아크릴 물감을 칠할 때는 1회 칠하고 잘 말린 후 다시 1회 덧칠한다.

6. 사인보드를 걸 수 있게 상단 위치에 드릴로 구멍을 뚫고,
   구멍에 철사를 통과시켜 고리를 만든다.

※ 철사 대신 끈으로 사용할 수 있는 다른 소재를 선택해도 된다.

프레임 № 3 이 나간 접시

캔버스에 그림을 그리듯 접시 위에 꽃잎으로 수를 놓자.
압화押花 그릇 만들기!
한 잎 두 잎 꽃잎은 물감이 되고 접시는 화폭이 되어
오래된 접시, 이 나간 접시, 지겨워진 접시가 싱그런 아트로 재탄생된다.

바니시 → 압화 붙이기 → 건조 → 바니시 → 건조

아파트 재활용품 버리는 날. 난 쓰레기를 버리는 대신 리폼할 재료를 찾는다.

완전 멀쩡한 접시를 2개씩이나 발견한 나.

'새 제품처럼 깨끗한데, 왜 버렸을까?'

접시를 이리저리 살피다 바닥에 살짝 이가 나간 것을 알게 되었다.

'바닥인 데다 살짝 깨진 편이니 리폼하면 괜찮겠어.'

내게 새로운 프레임으로 다가온 이 나간 접시는 그렇게 화폭으로 쓰였다.

우리가 그릇을 버리는 이유는 뭘까?

접시가 깨졌을 때, 이가 나갔을 때, 유행이 지났을 때, 너무 오래 사용했을 때

예쁜 새 그릇을 구입해서 필요 없어졌을 때….

'이럴 때 리폼을 한번 고려한 후 버리면 어떨까?'

설령 리폼을 망치더라도 만드는 순간은 즐거울 테니 말이다.

버리려는 이유가 무엇이든 웬만하면 모두 리폼의 재료가 될 수 있다는 사실!

누군가에게 버려진 접시에… 생명을 불어넣기에는 압화(押花)가 제격이다.

압화란 생화나 나뭇잎을 눌러서 말린 꽃과 나뭇잎.

비록 압화지만 화려한 색감만큼은 그대로다.

압화를 활용한 이 나간 접시의 재탄생은 이제 시작이다.

압화 접시

▶ 준비물 : 이 나간 접시, 압화, 바니시, 폼브러시, 핀셋
▶ 소요시간 : 40분(건조시간 24시간)

1. 작은 폼브러시에 바니시를 소량 묻힌 후 압화를 붙여줄 접시 표면에 얇게 펴 바른다.

2. 바니시를 바른 접시 표면 위에 압화를 하나씩 붙인다.

※ 압화는 드라이플라워와 같이 약하므로 손보다는 핀셋을 사용해 조심스럽게 다루는 것이 좋다.

※ 바니시를 바른 표면에 바로 압화를 붙이기보다는 어떤 모양으로 배치할 것인지 미리
  레이아웃을 구상해 두는 것이 실패할 확률을 줄일 수 있다.

3. 붙이는 작업이 끝나면 1시간 정도 건조시켜 압화가 완전히 고정될 때까지 기다린다.

4. 압화가 움직이지 않는 걸 확인한 다음 바니시를 고정된 압화 위에 붓는다.

5. 바니시로 압화를 코팅하듯 압화에 바니시가 골고루 묻을 수 있도록 접시를 좌우로 흔든다.
  그런 다음 남은 바니시는 접시를 기울여 다시 바니시 통에 붓는다.

6. 접시 표면의 바니시가 완전히 말라 투명해지도록 24시간 정도 건조시킨다.

---

self interior tip

완성된 압화 접시는 화장대 위에 올려두고 자주 바르는 립스틱, 액세서리 등을 담거나 책상 위에
두고 필기도구를 놓아두는 용도로 사용해도 괜찮다. 또 가끔 분위기 있는 식사 때 식탁 위에
티라이트를 올려놓고 티라이트 받침 용도로 사용하면 좋다.

접시 리폼에 든 비용은 압화 5,800원, 바니시 작은 것 5,600원, 폼브러시 400원이다.
5천 8백원의 압화로 봄 기운을 느끼는 계절 소품 만들기 완성!

만일 압화가 남았다면
다른 곳에도 활용하자.

압화 액자 만들기는 어떨까?

짧은 시간에 만들 수 있는
책갈피는 어떨까?

압화
책갈피

▶ 준비물 : 두꺼운 종이(크라프트지), 압화, 딱풀, 핀셋, 펀치, 끈(마끈 혹은 트와인 끈), 가위
▶ 소요시간 : 10분

1. 두꺼운 종이를 책갈피 모양으로 자른 다음 딱풀을 발라 종이 위에 압화를 붙인다.

2. 종이 윗부분 가운데에 펀치로 구멍을 뚫어 마끈, 트와인 끈 등 예쁜 끈을 매달아준다.

압화
액자

▶ 준비물 : 액자, 종이(흰색 도화지, 한지, 흑백 사진), 압화, 핀셋, 딱풀, 드라이버
▶ 소요시간 : 40분

인테리어 소품으로 압화 액자를 구입하려고 하면 만만치 않은 가격을 줘야 살 수가 있다.

집안 한편에 방치된 밋밋한 그림의 액자가 있다면 압화로 산뜻하게 리폼하자.

1. 드라이버로 기존 액자의 틀을 분리한다.

2. 압화를 붙일 종이를 준비한다. 종이는 배경이 되므로 너무 진한 색은 좋지 않다.

3. 준비한 종이 크기에 맞춰 압화를 배치해 보면서 미리 레이아웃을 구상한다.

4. 미리 생각해 둔 디자인대로 딱풀을 사용해 압화를 종이 위에 붙인다. 액자 안에 다시
   넣어야 하므로 압화가 떨어지지 않을 정도만 풀칠해서 붙인다.

5. 분리했던 액자에 완성한 압화 그림을 끼워 넣고 다시 조립한다.

프레임 N° 4 또 다른 캔버스

캔버스에 물감으로만 채색하란 법은 없다!
블랙의 전선 테이프로 화이트 여백의 미를 한껏 살린
모던한 테이핑 액자 만들기.

그림 도안 → 전선 테이프 자르기 → 붙이기

▶ 준비물 : 캔버스(가로 50㎝×세로 61㎝), 전선 테이프(또는 컬러 마스킹 테이프), 연필, 칼, 자

▶ 소요시간 : 10분

가끔 해외 인테리어 사이트에서 리폼에 대해 아이디어를 얻는 나.
우연히 발견한 사진 한 장이 있었다.

하얀 캔버스에 검은색 선들로 그려진 그림….

사진을 자세히 살펴보아도 검은색 선들을 어떤 재료로 표현한 것인지 파악하기 어려웠다.

아크릴 물감? 페인트? 여러 재료들을 떠올리다가
'검은색 선'을 제대로 표현할 재료를 생각해 냈다. 그것은 바로 전선 테이프!

페인팅할 때 사용하는 마스킹 테이프는 너무 얇아서 잘 찢어지니까 패스~!
패브릭 테이프는 무늬가 많아서 패스.

공구통에 있는 전선 테이프 2개를 사용하기로 했다.
우연히 발견한 사진 속 액자처럼 화이트 캔버스에 블랙의 전선 테이프로 그림을 그렸다.

1. 캔버스 사이즈에 맞게 그림의 도안을 스케치한다.

2. 유리(식탁 유리 또는 못 쓰는 종이) 위에 전선 테이프를 길게 붙인 후 도안대로 길이를 측정해
   칼로 자른다.

※ 전선 테이프의 넓이가 1.8㎝로 그림을 표현하기에는 다소 두껍다. 반으로 잘라 사용하자.

3. 자른 전선 테이프를 도안대로 캔버스 위에 붙여가면서 원하는 그림으로 표현한다.

※ 테이핑 그림은 단순한 선으로 표현해야 제멋이 나므로 되도록 모던하게 표현한다.

  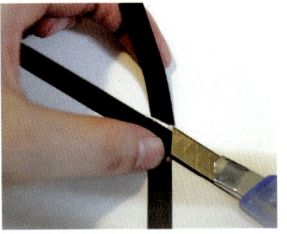

※ 전선 테이프는 손으로 세게 당기면 많이 늘어난다.
　적당한 힘 조절로 늘리지 않고 조심해서 붙인다.

※ 늘어난 상태에서 캔버스에 붙이면 시간이 지나면서 테이프가 쭈글쭈글 주름이 생기거나
　캔버스에서 금방 떨어진다.

※ 전선 테이프는 조금 여유있게 잘라서 캔버스에 붙인 다음, 커터칼로 살짝 그어서
　딱 맞게 자른다. 처음부터 딱 맞게 잘라 붙일 경우 다시 뜯어야 하는 상황이 생길 수 있다.

4. 컬러와 패턴이 들어간 마스킹 테이프를 캔버스 곳곳에 붙여 포인트를 준다.

※ 전체 또는 특정 부분에 다양한 색의 컬러 마스킹 테이프를 활용해도 좋다.

  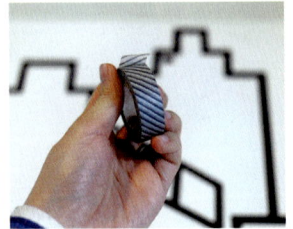

• 액자 인테리어 활용법 •

작은 집일수록 벽면 인테리어는 매우 중요하다.
벽면은 집 전체의 분위기를 보여주기 때문이다.
그래서 사람들은 벽지 선택이나 페인팅 컬러를 더할 나위 없이
중요하게 생각한다.

그런데 액자는 어떤가?
벽면을 장식하기 위해 거는 액자…, 인테리어 측면에서 어떤 것을 고려할까?

그림 액자를 걸 때는 좁은 공간이 자칫 더 좁아 보일까 하나를 걸더라도
소심해진다. 그러나 사진 액자 앞에서는 대부분의 사람들이 과감해진다.
특히 신혼 부부들의 결혼 사진이나 여행지에서 찍은 사진, 아이 돌 사진….

이런 사진들은 인테리어 측면에서 나름의 스타일을 고려하지 않아
시간이 지나면 집 어딘가 구석진 어느 한쪽에 자리잡게 마련이다.

한때 블랙의 모던한 테두리나 엔틱 스타일의 테두리가 있는 작은 사진
액자를 한쪽 벽면에 촘촘히 몰아서 거는 스타일링이 유행한 때가 있다.

또 심플한 스타일을 선호하는 사람들이 늘어나고, 자의반 타의반으로 벽에
못질을 하지 못하는 경우 바닥에 액자를 세워두는 스타일링도 유행했다.

지금까지 열거된 사례가 무조건 잘못된 인테리어라고 평가할 수는 없다.
나 역시 사진 액자에 관대했고, 그림 액자는 그냥 유행을 따른 적도 있다.
하지만 셀프 인테리어를 하면서 몇 가지 생각을 다시 하게 되었다.
그리고 '어쩔 수 없이, 유행이니까, 어디에서 봤는데 좋더라' 식으로
무작정 따라 하지는 않게 되었다.

내가 다시 생각하게 된 공간과 액자 인테리어는……

1. 공간과 액자에 대해 다시 생각하기

사진 액자나 그림 액자 등 모든 액자를 벽에 건다는 것은 마치 화장을 한 얼굴에 액세서리를 착용하는 것과 같다.

2. 액자의 배치와 스타일 고려하기

내추럴 화장에 크고 화려한 귀걸이, 목걸이, 헤어 핀을 할까? 진한 메이크업에 포인트 액세서리만 할까? 이 모든 스타일링은 개인의 취향이다. 다만 이상하지 않아야 한다.

집도 마찬가지다. 화이트 톤에 가까운 벽면인지, 무늬가 모던한지, 화려한 패턴인지 그리고 벽 근처에 놓인 가구는 어떤 스타일인지 고려해야 한다.

3. 공간, 벽면과의 조화를 위한 여백주기

벽면에 아무것도 없는 것을 좋아하거나 혹은 썰렁해서 싫어하는 것…, 이 또한 개인의 취향에 따라 다르다. 하지만 여백은 반드시 있어야 한다. 한 여름에 온 몸을 꽁꽁 싸매고 모자까지 쓴 사람을 상상해 보면 적절할 것 같다. 또 아무리 추운 겨울이라도 숨쉴 틈 없이 다 가릴 수는 없다.

여백이 넓든 좁든 여백의 면적과 넓이는 상관없이 무조건 여백은 있어야 한다.

난 이 3가지를 다시 생각하게 되면서 공간도, 벽도, 액자도, 가구도… 다양한 프레임으로 인지하게 되었고, 프레임은 나만의 셀프 인테리어를 구성하는 중요한 뼈대가 되었다.

May

반제품 DIY의 유혹

5

May / training

하루하루 늘어가는 셀프 인테리어에 대한 관심. 그러나 난 요즘…. 셀프 인테리어를 위한 작업 과정에서 한계를 절감할 때가 많아졌다.

'어떻게 하면 저렇게 만들 수 있지? 원하는 공간에 필요한 용도의 가구들을 딱 맞는 크기로 뚝딱뚝딱 잘도 만드네!'

가구 만들기! 친절하고 상세한 작업 과정을 블로그 포스팅으로 올리는 사람들…. 요즘은 그들이 부럽다. 난 아직 눈으로만 이해하는 수준이다. 사실 엄두가 안 난다고 해야 할까……?

DIY 가구 만들기란 목재 선택, 재단, 못이 들어갈 곳의 구멍 내기, 조립, 메움 작업, 사포질, 스테인 등 일련의 작업 과정을 거쳐야만 탄생하는 피조물이다. 이런 과정을 통해 하나의 작품을 만들기까지… 그들의 피조물 탄생 이야기는 내겐 아직 무용담일 뿐이다.

'난, 이런 큰일은 못해! 공구 만지는 것도 어렵고, 윙윙 돌아가는 드릴 소리도 무섭다고!'

그렇다. 난 아직 페인트만 칠할 수 있는 수준이다. 처음 페인팅을 시작했을 때 과감한 도전 정신이 없었다면 불가능했을 것이다. 그런데 아이러니하게도 DIY 가구 앞에선 그런 과감한 행동력이 제대로 발동하지 않는다.

그래서 난 한동안 블로그 포스팅을 보지 않았다. 처음 셀프 인테리어에 발을 들이면서 많은 도움과 격려가 되었던 리포머들의 이야기임에도……

그 이후…, DIY 쇼핑몰만 들락날락 했다. 예쁜 소품들의 사진에만 시선이 향했던 나. 그리고 어느새 반제품들의 완성품 후기를 자세히 읽고 있는 나.

'스툴이다! 어릴 적 다녔던 유치원 의자 같기도 하네~'

왠지 모를 추억이 떠오르면서 딸 아이에게 이 스툴 의자를 선물하고픈 마음이 불끈 생긴다. 스툴 의자에 대한 설명 내용을 차근차근 읽던 중……,

'어? 이건 재단이 다 되어 있네. 못 들어갈 자리 구멍도 있어!'

스툴 하나를 만드는 데 필요한 모든 것들이 다 있다. 설명서까지도.

'난 설명서대로 조립한 다음 꾸미기만 하면 되겠구나!'

이건 나처럼 가구 DIY에 어려움을 느끼는 사람들을 위한 맞춤형 제품이다. 그리고 리포머들은 그런 제품을 '반제품'이라고 부른다.

반제품이란? 가구를 조립하기 쉽게 재단부터 피스 구멍, 필요한 부품, 설명서까지 포함된 패키지 상품이다. 소비자가 직접 설명서를 보면서 쉽게 가구를 조립한 다음 페인트 등의 후가공을 해 자신만의 가구를 만들 수 있도록 한 제품.

잠시 주춤했던 셀프 인테리어가 다시 즐거워지기 시작했다. 무엇이든 한 걸음 도약하기 위해서는 터닝 포인트가 필요하다.

'반제품!' 넌 내게 공구의 두려움을 떨치게 했어!

반제품 패키지 구성에는 하나의 완성품을 만들기까지 사용할 모든 재료가 포함되어 있다. 동봉된 설명서대로 조립만 하면 된다. 그러니 아무리 공구에 두려움 많은 사람이라도 구멍에 못을 박는 정도는 누구나 할 수 있을 것이다.

바이올의 미니멀 스토리지 철망 수납장. 가격 45,000원. 만드는 시간 1시간 20분. 삼나무의 느낌을 잘 살리기 위해 맨 위 선반에는 수성 스테인을 스펀지에 묻혀서 2회 칠한다. 나머지 바디는 페인트(벤자민 무어 리갈 HC-143)를 칠해 빈티지 스타일로 변신시킨다.

그렇다고 처음부터 큰 덩치의 가구를 뚝딱뚝딱 간단하게 만들 수는 없다. 처음에는 책상 위 종이와 연필 수납을 책임질 한 칸 서랍이나 연필꽂이 등 작은 소품부터 시작하자. 또 허전한 벽면을 꾸밀 벽걸이 소품이나 작은 수납함은 어떨까?

반제품 DIY의 묘미는 후가공에 있다. 똑같은 반제품 재료로 만들어도 완성품은 다 같은 모양이 되지 않는다. 어떻게 꾸미냐에 따라 전혀 다른 느낌이 된다. 결국 DIY 반제품들은 우리 집에만 있는 인테리어 소품과 가구가 되는 셈이다.

The DIY의 연필꽂이. 개당 가격 2,500원. 만드는 시간 40분. 밤색 아크릴 물감 1회 도색 → 애플컨츄리 빈티지 물감(피치와 베이비 블루) 2회 도색 후 사포질로 표면을 매끈하게 만들고, 영자 신문과 전사지(크라프트지 위에 전사지를 올려 다리미로 30초간 누르기), 명찰꽂이로 장식한다.

반제품 DIY는 지루한 일상에 즐거운 취미가 될 수 있다. 그래서 반제품의 세계에 한 번 발을 디디면 그 매력에서 쉽게 헤어 나오지 못하기도 한다. 가성비와 실용성까지도 겸비한 이 개성만점 반제품의 세계를 왜 벗어나야 할까? 그럴 이유는 없다!

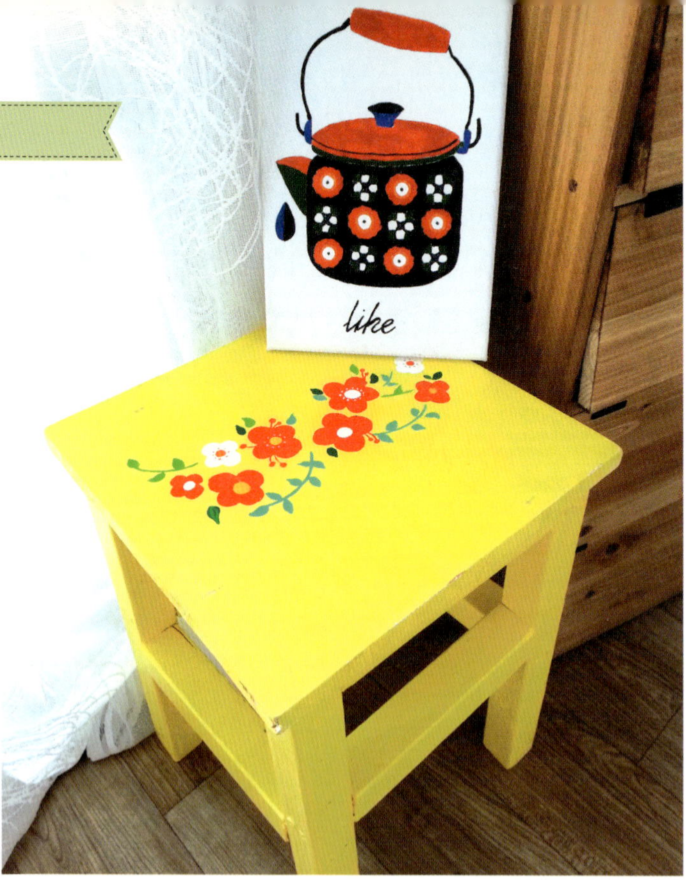

DIY 가구 첫 도전!

톱과 드릴이 익숙하지 않아도 충분히 만들 수 있는 반제품 조립 가구!
작지만 쓰임새 알찬 가구로 만들어보자.
캔버스에만 그림 그리라는 법은 없다!
스툴의 상판 위에 그림을 그려 나만의 스툴 의자를 만들자.

반제품 구성품 확인 → 조립 → 페인팅 → 건조

▶ 준비물 : 정사각 스툴 상판 1개(32×32㎝), 의자 다리 각재 4개(40㎝), 다리와 상판 지지대 각재 8개(20㎝), 드릴, 톱, 목공용 접착제, 상판 피스 8개(4.5㎝ 길이), 다리 피스 32개(8㎝ 길이), 젯소, 페인트(노루표 뿌로로 페인트 노란색), 페인트 붓, 사포, 연필, 아크릴 물감, 붓, 물통, 팔레트

▶ 소요시간 : 1시간 20분

톱질과 드릴 사용이 능숙하지 않았던 내가 난생 처음으로 DIY 가구를 만들었다!

첫 도전인 만큼 만드는 시간이 오래 걸리지 않으면서
다소 쉽게 만들 수 있는 반제품 아이템을 선정하기로 했다.

반제품 DIY 가구 쇼핑몰에서 인테리어 효과도 있으면서 실용성도 갖춘 스툴 의자 발견!
처음으로 입체감 있는 가구의 면면을 상상했다.

비록 반제품이지만 좋아하는 소재, 나무로 가구를 만드는 재미가 쏠쏠하리라~.
그러나 난 다시 용기를 내서 인터넷 조립가구 대신 동네 목공소로 향했다.

첫 도전이니 나무는 직접 본 다음
만들고 싶었다.

미리 그린 도안대로 정사각 스툴의 상판
32×32㎝ 1개, 의자 다리 40㎝ 4개와 다리와
상판 지지대 20㎝ 8개를 구입했다.

동네 목공소의 도움으로 나무를 재단했다.

1. 각재(단면이 4각형인 목재)를 사이즈에 맞춰 톱으로 재단한다.

2. 재단한 면은 고운 사포로 매끄럽게 다듬는다.

3. 자른 각목들이 잘 맞는지 가조립을 해본다.

※ 가조립으로 자른 각목들이 잘 맞는지 미리 체크할 수 있다.

4. 상판과 지지대용 각재 4개를 목공용 접착제로 붙인다.

5. 다리용 각재 2개(의자 다리 1개에 각재 2개 사용)의 중간 위치에 다리 지지대 1개를 놓고 연결 부분에 목공용 접착제를 발라 붙인다. 나머지 다리 1개도 같은 방법으로 연결시킨다.

6. 목공용 접착제가 어느 정도 마르면 드릴을 이용해 피스가 들어갈 자리에 구멍을 뚫어준다. 상판 지지대에는 구멍 8개, 상판과 다리 연결 부분에는 다리 바깥쪽으로 각재 1개당 4개(한 면당 2개)씩 뚫는다.

※ 이때 상판과 연결할 다리의 피스 위치는 엇갈리게 뚫어야 한다(사진 참조). 그래야만 피스끼리 부딪히지 않는다.

※ 왼쪽 다리와 오른쪽 다리를 지지대로 연결할 부분의 구멍은 중앙 위치에서 각재의 두께만큼 아래로 내려온 위치에 뚫어야 한다.

7. 뚫은 구멍에 4.5cm 길이의 피스로 상판과 상판 지지대를, 8cm 길이의 피스로 왼쪽 다리 2개 각재와 지지대(중앙 위치)를 연결한다. 나머지 오른쪽 다리도 같은 방법으로 연결한다.

※ 각재의 두께를 고려해 피스 길이를 선택해야 상판까지 뚫고 나오는 경우가 없다. 또 다리를 고정할 피스는 8cm 정도의 길이가 되어야 흔들리지 않고 튼튼하다.

8. 왼쪽 다리와 오른쪽 다리를 상판 지지대 사이에 끼워 넣고 8cm 길이의 피스로 연결시킨다.

※ 연결 부분의 피스 위치는 엇갈리게(먼저 피스 구멍을 뚫은 위치) 연결해야 한다.

9. 왼쪽 다리와 오른쪽 다리 사이(이미 중앙 아래에 뚫어 놓은 피스 구멍)에 지지대를 끼워 놓고 피스로 연결한다.

10. 조립이 끝난 스툴에 젯소를 1회 칠한 다음 원하는 색의
　　페인트를 2회 칠한다.

※ 칠할 때는 1회 칠하고 건조시킨 다음 다시 칠한다.

※ 빈티지한 느낌을 원한다면 빈티지 컬러와 사포를 이용해
　후가공한다. 사포질은 거친 사포로 전체 또는 특정
　부분을 문지른다.

젯소는 페인트를 칠하기 전에 기존 바탕색을 비치지 않게 하고 페인트의 접착력을 높이기 위해
바르는 도료의 일종이다. 주로 미술 작품에서 캔버스를 재사용할 때 애벌 바름으로 사용하기도
한다. 목재 위에 곧바로 페인팅을 하는 경우 얼룩이 생길 수 있다. 이것은 목재에서 올라오는
타닌 성분 때문이다. 이런 얼룩을 방지하기 위해 젯소를 먼저 칠해주는 것이다.

나의 첫 번째 DIY 가구, 스툴 의자 완성!
의자 상판에 그림도 그려볼까?

그동안 그렸던 캔버스 그림 덕분에 스툴 그림 그리기가 어렵지 않았다.
연필로 연하게 스케치한 다음 아크릴 물감으로 색을 입히면 끝!

다소 삐뚤삐뚤, 흔들흔들하기도 하지만
이 봄날에 잘 어울리는 화사한 인테리어 소품이다.

• 가구와 소품의 후가공 •

1단계 – 젯소

기존 색 위에 덧칠할 때 기존 색이 드러나지 않도록 페인팅 전 단계에서 꼭 젯소를 1회 칠해야 한다. 따라서 젯소는 가구나 소품 표면에 페인팅의 흡착력을 높이므로 페인팅 사전 작업에 칠하도록 한다.

2단계 – 페인팅

젯소가 완전히 마르면 페인팅 단계에 들어간다. 페인팅은 2회가 기본이며 때에 따라 3회로 늘릴 수 있다. 칠할 때는 얇고 고르게 펴 발라야 하며 1회 바르고 건조시키는 과정을 반복하면 된다.

3단계 – 건조

젯소와 페인팅은 칠한 다음 반드시 건조 과정을 거쳐야 한다.

4단계 – 사포질

아무리 고르게 페인팅을 하더라도 붓 자국이 남을 수 있다. 또 표면이 거칠 경우 울퉁불퉁하게 페인팅이 될 경우가 있다. 이럴 때는 사포로 표면을 밀어 매끈하게 다듬어야 한다.

5단계 – 바니시

특히 흰색 페인팅 후에는 바니시 작업이 필수다. 흰색 페인트를 칠한 제품은 때가 금방 타기 때문에 바니시를 꼭 발라주어야 한다. 이처럼 오염을 방지하고 목재를 보호하는 기능이 있는 바니시는 늘 마지막 단계에 칠하면 된다.

6단계 – 꾸미기

가구와 소품을 꾸밀 수 있는 방법은 너무도 다양하다. 굿 아이디어로 다양한 컬러와 재료를 선택해 완성하자.

etc 스테인

스테인(Stain)은 아무것도 칠하지 않은 나무 재질에만 사용한다. 즉 원목의 질감을 살릴 때 컬러 페인팅 대신 사용하면 된다. 스테인은 기본적으로 2회 칠하도록 하고, 반드시 바니시로 도장해야 오염을 방지할 수 있다. 진한 느낌의 발색을 원한다면 2회 이상 칠하면 된다.

스테인은 방균, 방부, 목재 보호 효과를 위해서도 칠해주는 게 좋다.

스테인에는 합성오일을 베이스로 한 오일 스테인(외부에 주로 사용), 물을 베이스로 한 수성 스테인(내부 및 가구, 소품에 사용), 천연 오일을 베이스로 한 천연 스테인(실내용, 천연 재료로 값이 비쌈)이 있다. 가구와 소품에는 주로 수성 스테인을 사용한다.

스테인을 바를 때는 붓이나 스펀지, 자투리 천을 이용해 얇게 도포한다. 그러나 스펀지가 가장 사용하기 편하다. 또 원목 자체의 색깔에 따라 진하기가 달라질 수 있다. 칠하기 전에는 표면의 거친 부분을 사포로 연마하고, 표면의 오염물은 깨끗하게 제거한 다음 완전히 건조된 상태에서 도포해야 한다.

• 반제품 페인팅 •

- 2가지 색으로 스트라이프 페인팅
- 뻑뻑한 회색 물감에 흰색 페인트를 혼합해 부드럽고 연한 느낌의 회색 컬러로 만든다.
- 페인트(올드빌리지 1301 밀크 페인트), 아크릴 물감(회색), 400방 사포, 마스킹 테이프, 페인트 붓, 물감용 붓, 스펀지, 바니시(벤자민 무어), 트레이

1단계 사포로 표면을 매끄럽게 연마하기

2단계 젯소 건조 후 마스킹 테이프로 스트라이프존 구분하기

3단계 흰색 페인트 2회(페인팅 → 건조 반복) 칠하기

4단계 기본색(흰색) 페인트 건조 후 포인트 컬러(회색) 칠하기

5단계 건조 후 사포질과 바니시로 도장하기

완성(건조시간 포함 3시간)

• 페인팅 리폼 •

- 중후한 느낌의 스탠드 바디 컬러의 페인팅 리폼

- 이미 도색된 제품을 다시 페인팅을 할 때는 가장 먼저 젯소를 1회 칠해야 한다.

- 젯소(삼화페인트 홈스타 젯소), 페인트(삼화페인트 더클래시 아토프리 멀티 0156E/SH S7010-B70G), 커버링 테이프, 마스킹 테이프, 붓, 트레이

1단계 스탠드 조명 분리하기

2단계 젯소 1회 도포 후 건조하기

3단계 원하는 색으로 1회 칠하고 건조하기

4단계 건조 후 다시 동일 색으로 1회 칠하고 건조하기

5단계 사포로 붓자국을 제거하고 바니시 도장 및 건조 후 조립하기

완성(건조시간 포함 2시간)

반제품을 조립하기 전에 가장 먼저 할 일은 동봉된 설명서를 읽으면서 구성품을 하나씩 꼼꼼히 체크하고, 작업 순서를 인지하는 것이다. 조립할 때는 언제나 접착제를 발라 고정시킨 다음 피스를 부착하고, 접착제는 재질에 따라 다르게 사용해야 한다.

페인트인포의 파머스 수납함. 가격 29,500원. 만드는 시간 50분. 조립하기 전에 수성 스테인을 2회 칠하고 완전히 건조된 후 조립한다. 검은색의 빈티지 손잡이, 자전거 번호판으로 장식한다. 파머스 수납함은 양념병을 수납하거나 소소한 작은 물품들을 정리하기에 좋다.

공방에서 빈티지 느낌을 줄 때 밀크 페인트 기법을 자주 사용한다. 조립하기 전 원목에 짙은 색을 1차로 밑바탕에 칠한 다음 2차로 밀크 빛 흰색 계열의 페인트를 도색하고, 사포로 특정 부분에 흰색 페인트를 살짝 벗겨 아래 짙은 색이 드러나게 한다.

다이야놀자의 토로레 선반 수납함. 가격 34,500원. 만드는 시간 1시간 50분. 조립하기 전에 오일 스테인(본덱스 도토리색)을 2회 칠하고 완전히 건조시킨 후 흰색 페인트(올드빌리지 1301)로 3회 도색한다. 빈티지 느낌을 주기 위해 사포질과 검은색의 손잡이로 장식한다.

반제품을 구입할 때는 가장 먼저 가성비를 따져보아야 한다. 가성비는 사실 셀프 인 테리어에서 가장 중요한 부분이기도 하다. 돈 적게 들이면서 실용성과 인테리어 효 과까지 얻는다면 이보다 좋을 수는 없을 것이다.

The DIY의 내추럴 서랍 수납함. 가격 22,800원. 만드는 시간 1시간. 페인팅 → 건조 → 사포질 순으로 사포질은 2회, 시크한 블랙의 페인트(삼화페인트 반광 블랙)를 3회 칠한다. 레터링지를 활용해 원하는 알파벳을 붙인 후 바니시로 도장하고, 블랙 손잡이로 교체한다.

다음으로 반제품의 주된 재질을 체크해야 한다. 또 비용 대비 우리 집에 어떤 쓰임새 로 사용할 것인지 따져보아야 한다. 가성비를 따져볼 때는 우리 가족의 생활 패턴을 기준으로 어떤 용도로 사용할 것인지를 체크해야 한다.

반제품의 디테일한 후가공 작업에 앞서 어떤 모양으로 꾸밀지를 구체적으로 구상해야 한다. 이때 배치할 공간의 전체 스타일을 고려해야 한다. 아무리 작은 소품이라도 놓여질 공간의 분위기와 조화를 생각해 통일감이나 포인트를 줄 것인지 선택해야 한다.

페인트인포의 각설탕 저금통. 가격 6,800원. 만드는 시간과 건조 과정 포함 3시간. 젯소 2회, 바디만 화이트 페인트 3회 얇게 칠한 후 400방 사포로 붓 자국을 제거한다. 바디에 바니시를 2회 칠하고, 블랙 아크릴 물감으로 뚜껑을 칠한다. 별 모양으로 시트지를 잘라 붙인다.

반제품을 구입할 때는 사용 용도에 따라 선택하게 되지만, 만일 적당한 가격의 제품을 발견하지 못했다면 용도 변경을 염두하고 적절한 가격대에서 구입하도록 하자. 이를테면 구매한 저금통의 용도를 각종 카드나 도장 보관함으로 변경하는 것이다.

빈티지 스타일로 집안 분위기를 바꿀 때 철재 반제품 DIY 가구를 적절히 활용하면 독특한 효과를 얻을 수 있다. 이때 공간 전체 느낌과 가구, 소품에 블랙, 화이트, 레드, 블루로 강렬한 컬러 대비를 주면 감각적 연출이 가능해진다.

마켓비의 MKB 캐비닛 TV 스탠드. 가격 54,900원. 조립시간 30분. 작은 집 거실에는 수납과 인테리어라는 이중효과를 고려하는 것이 좋다. 그런 의미에서 철재 캐비닛 TV스탠드 겸용 수납장은 부족한 수납을 보완하고, 빈티지 스타일의 분위기도 연출할 수 있다.

• 반제품 DIY 가구 써머리 •

반제품 DIY 가구는……

1. 내 손으로 직접 조립할 수 있도록 하나의 가구나 소품에 소요되는 모든 것들이 제공된다.

2. 내 손으로 직접 조립하지 않으면 반제품 DIY 가구의 묘미가 없어진다.

3. 내 맘대로 스타일링을 할 수 있는 최고의 재료다.

반제품 DIY 가구를 구입할 때는……

4. 가성비, 실용성, 활용도를 따져보자.

5. 비슷한 형태의 제품일수록 판매처별 가격 비교는 필수다.

6. 비슷한 가격대의 제품은 재질을 따져보자.

7. 내가 원하는 제품이 없다면 용도 변경을 염두에 두고 제품을 고르자.

반제품 DIY 가구에 필요한 도구는……

8. 드릴 또는 드라이버와 망치, 후가공 재료 및 도구

반제품 DIY 가구를 만들 때는……

9. 조립 전에 동봉된 설명서를 차근차근 읽고 반드시 구성품을 확인한다.

10. 후가공에 앞서 가장 먼저 어떤 용도로 어디에 둘 것인지 정하고, 공간 전체 분위기와 조화를 고려해 인테리어에서 통일감을 줄 것인지 아니면 포인트로 활용할 것인지 선택해야 한다.

11. 반제품 DIY 가구의 후가공 작업은 이 세상에 단 하나뿐인 나만의 가구나 소품으로 탄생시킬 수 있는 중요한 단계다. 재질의 질감을 살릴 것인지 아니면 컬러링을 할 것인지, 추가 재료로 좀 더 꾸밀 것인지 등 아이디어에 따라 반제품 DIY 가구의 변신은 다양해진다.

June

수납을 부탁해

6

June / plus alpha

핸디코트로 좁은 주방의 답답한 분위기와 낡은 느낌을 바꾸면서 내가 만든 소품들과 거실 벽 색깔의 조화도 잘 어우러지는 듯하다. 그러나 시간이 흐를수록 점점 더 늘어난 나의 DIY 소품들……

'이러다간 안 되겠어! 이건 인테리어가 아니다!'

컨셉, 조화, 스타일, 컬러, 소품도 중요하지만… 예쁘게만 꾸미려는 건 진정한 인테리어가 아니다. 지금부터는 좁은 집을 좀 더 효율적으로 사용할 수 있는 뭔가를 생각해야 했다.

'정리가 필요해! 버릴 것은 버려야 할 것 같아.'

그동안 버리고 사는 연습이 잘 되지 않았던 나. 오히려 재활용 DIY를 한답시고 정말 버릴 것을 버리지 못했다. 재활용에 대한 욕심을 잠시 뒤로 하고 하나씩 정리하면서 진짜 쓸모 없는 것들을 버리기 시작했다. 그렇게 난 오랜 시간을 들여 집 정리를 모두 끝낼 수 있었다.

며칠 후, 문득 드는 생각……

'공간을 상상하고, 생활 속 동선을 생각하라!'

지금까지 난 거실 베란다, 주방 베란다, 신발장, 서랍장, 옷장, 박스 보관함 등 일정한 부분 안에서만 정리를 했던 것이다. 물론 이러한 정리와 수납도 중요하다. 덕분에 비록 좁은 거실 베란다지만 평범한 공간이 작은 공방으로 재정비되었다. 그것은 순전히 나의 인테리어 도구들을 정리하면서 새롭게 마련된 공간이다.

하지만 진짜 내가 해야 할 것은 이 작은 집의 공간 인테리어다! 생활 속 동선을 고려해 필요한 가구를 재배치해야 한다. 이때 전체 공간의 스타일까지 생각해야 한다!

소파 놓을 엄두도 못 내는 이 작은 집에서는 좌식 생활이 최선이다. 그렇다면 이 거실에서는 무엇이 중심이 되어야 할까?

하얗고 깨끗한 핸디코트 벽에 설치했던 나무 패널. 내추럴한 우드의 질감과 색감이 화이트라는 전체 바탕색과 잘 어우러져 조화를 이룬 스타일이다. 이 느낌이 너무 좋다. 스타일을 바꿔야 할까?

'그래, 이 공간은 내추럴한 스타일을 잘 유지해야 겠어. 대신 생활 속 동선을 잘 고려하면 되겠어!'

결론은 이렇다. 전체의 내추럴 스타일은 유지하되 공간 속 생활 동선을 고려한 인테리어가 되어야 한다는 것. 그래서 앞으로 DIY는 무작정 만들지 않을 것이다!

나를 포함해 남편과 아이가 주로 어떻게 생활하는지 먼저 고려할 것이다. 그런 다음 그에 따라 꼭 필요한 물품과 가구를 다시 재배치하고, 새로 만들 것이다.

있어야 할 곳에 있어야 하고, 비워야 할 곳은 비우고, 채워야 할 곳은 채우자! 그리고 이 모든 것에는 조화로운 스타일이 있어야 한다는 것···. 그것이 지금 내가 생각하는 진정한 인테리어다.

내 작은 집은 앞으로 쓸모 있게 비우면서 플러스 알파로 채울 생각이다!

작은 집의 거실은 매우 중요하다. 아이의 놀이방이 되거나 나와 함께 공부를 하는

이 작은 공간에서 펼쳐지는 우리 가족의 생활 속 동선을 따라

곳이기도 하다. 또 저녁에는 남편과 TV를 보며 하루 일과를 이야기하기도 한다.

나는 필요한 소가구, 수납장, 소품 등을 DIY로 하나씩 채워 나갔다.

곤란한 수납의 해결사

잡동사니로 어지러질 수 있는 생활 물품들…
거실 코너 한쪽이나 주방, 아이 방에 딱인 코너 수납장 만들기!
초보자도 쉽고 재밌게 만들 수 있는
반제품 DIY 가구로 도전해 보자.

상판과 옆판 조립 → 바닥판 연결 → 스테인 칠 → 선반 끼우기 → 문과 선반 경첩 연결 → 바니시

▶ 준비물 : 4단 수납장 반제품 세트(페인트인포의 조르조 4단 수납함), 드릴, 스테인(데코룸 수성 스테인),
　　　　바니시, 붓, 일회용 접시(또는 못 쓰는 그릇)
▶ 소요시간 : 60분

그동안 너무나 만들고 싶던 가구 DIY!

장난감과 기저귀 같은 딸아이의 생활 물건들을 수납할 공간이 필요했다.
또 거실 한 켠에 두어도 잘 어울릴 내추럴 스타일의 수납장을 원했다.

예전 같으면 엄두도 못 낼 가구 만들기…, 하지만 DIY 가구 쇼핑몰을 찾다가
내게 아니 이 작은 거실에 딱인 반제품 수납장을 찾게 되었다. 가격은 69,300원.

문 여는 방식과 디자인, 소재 그리고 수납장의 높이도 72㎝라 무척 마음에 들었다.

가구 만드는 데 필요한 경첩과 못, 목공용 접착제를 비롯해 스테인, 장갑, 스펀지까지
별도로 구입하지 않고 세트로 구성되어 있어 너무 편하다.
가구 DIY의 초보자인 내게는 이런 세트 구성이
참 편하게, 쉽게 느껴졌다.

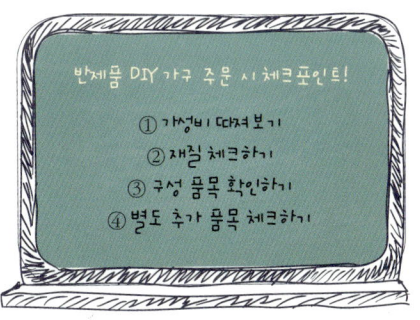

방바닥에 굴러다니면 지저분하고
어디 감춰두고 싶은 물건들… 이런 고민이
해결되리라는 기대에 부푼 나.
수납의 해결사가 될 4단 수납장 만들기 도전!

함께 동봉된 설명서 덕분에 더욱 쉽게
만들 수 있으리라~!

1. 먼저 구성품을 확인한다. 상판과 홈이 있는 옆판 2장의 연결 부분에 목공용 접착제를
　바르고 틀에 맞게 모양을 잡아준 후 드릴을 사용하여 피스로 연결한다.

2. 같은 방법으로 나머지 바닥판과 옆판을 조립한다.

3. MDF로 제작된 뒤판을 사이즈에 맞게 올린 다음 동봉된 무두못을 망치로 박는다.

4. 일회용 접시에 스테인을 적당량 부은 후 스펀지에 묻혀
조립이 완성된 바디와 문짝에 2회 칠한다.

5. 스테인이 건조되면 안쪽에 홈이 파여 있는 부분에 중간 선반 4장을 하나씩 끼워 넣는다.
뻑뻑하게 들어가는 부분은 고무망치로 툭툭 치면서 끼워 넣는다.

6. 피스 2개로 경첩을 문에 고정시킨 다음, 선반에 문을 맞추고 피스 2개로 경첩을 부착시켜
마무리한다.

※ 좀 더 정확하게 경첩을 달려면 자로 재서 부착할 위치에 연필로 표시한 다음 부착하면 된다.
이때 모든 경첩은 끝에서 3~4㎝ 가량 띄운 후 부착한다.

7. 포인트 장식을 하고 싶다면 문 앞에 명찰꽂이를 검정 피스로 부착한다.

8. 붓이나 스펀지에 바니시를 묻혀 수납장 전체에 꼼꼼히 발라 건조시킨다.

미니 소품 수납장

평소 모아둔 미니 소품들을 어떻게 할까?

인테리어 효과도 좋은 칸칸 수납장을 만들어 깔끔하게 정리하자.

칸막이 조립 → 테두리 조립 → 중간 판과 걸이판 조립 → 스테인 칠 → 고리 설치

▶ 준비물 : 칸칸 장식장 반제품 세트(바이올의 칸칸 데코 선반), 목공용 접착제, 피스, 드릴, 오일
　　　　스테인(본덱스 도토리색), 스펀지, 일회용 접시, 장갑, 액자고리
▶ 소요시간 : 40분

하나씩 모아둔 피규어들을 정리할 겸…,
벽에 걸 수 있으면서 다용도로 활용할 수 있는 장식장이 필요하다.

반제품 DIY 쇼핑몰에서 칸칸 수납장을 본 순간
'바로 이거야!'를 외치며 곧바로 주문한 나.

그야말로 장식장 자체가 인테리어 소품이다.
반제품 DIY를 하면서 하나 더 느끼게 된 것은…, 고를 때는 무조건 가성비!
이번에 주문한 반제품의 재질은 피톤치드 향이 좋은 삼나무다. 가격은 25,900원.

1. 먼저 구성품을 확인한다. 홈이 파인 선반들을 하나씩 끼워 칸막이를 조립한다.

※ 반제품은 홈이 다 파여서 오기 때문에 끼우기만 하면 된다. 만일 조립 시 약간 헐겁다면
　　목공용 접착제를 이용해 붙인다.

2. 옆 테두리와 위 테두리 연결 부분에 접착제를 발라 붙인 다음 마르도록 그대로 둔다.

3. 목공용 접착제가 다 마르면 피스 위치를 확인한 다음 드릴로 피스를 박는다.

4. 같은 방법으로 중간 판과 하단 걸이용 받침판도 목공용 접착제 → 피스 순으로 고정시킨다.

5. 미리 고정시킨 칸막이의 끝 부분에 모두 목공용 접착제를 바른다.
   그런 다음 테두리 안에 끼워 넣고 피스와 드릴로 고정시킨다.

6. 스펀지에 스테인을 묻혀 칸칸 수납장 전체에 꼼꼼히 바른다.

※ 완성품에 컬러 페인팅을 칠할 때는 스테인 대신 젯소를 1회 칠한 후 다 마르면
   원하는 색으로 페인트를 칠하면 된다.

7. 스테인이 마르면 걸이용 받침판에 피스 3개를 7㎝ 간격으로 박는다.

※ 이때 피스를 완전히 다 박지 않고, 가벼운 물건을 걸 수 있도록 반 정도만 박는다.

8. 완성한 장식장은 벽에 걸 수 있도록 장식장 윗부분 양쪽에 액자고리를 박는다.

화장대 공간 마술

화장대는 아무리 정리를 해도 끝이 없는 곳이다.
또 작은 집에 화장대를 놓기란 쉽지 않다.
이처럼 제한된 공간과 자잘한 액세서리, 화장품을 보관할 수 있는
마법과 같은 화장대 수납함이야말로 더할 나위 없다.

마스킹 테이프 → 페인팅 → 건조 → 스탬프 → 건조 → 바니시 → 건조

▶ 준비물 : 2단 수납함 조립 완제품(굿트리의 투헤븐 이층 수납장), 페인트(베어 페인트 280C-3, 흰색 페인트),
　　　　 폼브러시, 얇은 붓, 마스킹 테이프, 드라이버, 우드 블럭, 털실
▶ 소요시간 : 5시간(건조시간 포함)

화장대 정리하기 좋은 반제품을 발견했다.

이번 제품은 조립이 다 되어 있는 완제품이다. 가격은 39,500원.

나뭇결 느낌이 너무 좋아 한동안 그대로 사용했다.

그러다 지겨워질 때쯤 폼브러시로… 화사한 느낌의 살구빛 페인트를 수납함 전체에 칠하고,
아이 장난감과 털실을 이용해 스탬프 기법으로 패턴을 표현했다.

1. 제품에 붙어 있는 유리에 마스킹 테이프를 붙인다.

※ 페인팅 작업 시 페인트가 묻지 않아야 할 부분에 마스킹 테이프를 붙이면 깔끔한 작업이 된다.

2. 원하는 색의 페인트를 폼브러시로 1회 도장 후 건조시킨다. 페인트를 칠하고 완전히
　　 건조될 때까지 기다린 후 같은 방법으로 2차, 3차로 페인팅을 한다.

※ 페인팅 도장 작업은 총 3회로 페인트를 칠하고 완전히 마르면 다시 칠하는 방식으로 작업한다.

※ 이음새나 틈새는 작은 붓을 이용해 같은 색의 페인트를 칠한다.

 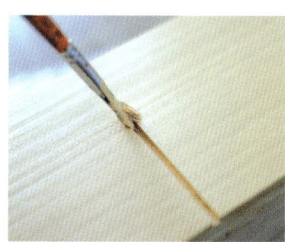 

3. 페인트가 완전히 건조되면 우드 블럭에 털실을 돌돌 감는다.

4. 폼브러시에 흰색 페인트를 소량 묻혀 털실에 톡톡 두드리듯 살짝 묻힌다.

5. 포인트를 주고 싶은 부분에 도장 찍듯이 꾹 누르면서 찍는다. 세로로 한 번, 가로로 한 번 규칙적인 패턴을 만들어주면서 찍는다.

6. 스탬프 기법의 흰색 패턴이 완전히 건조되면 바니시를 2회 도장한다.

※ 원목 가구에 바니시를 칠하면 오염이 되었을 때 물티슈로 닦을 수 있어 편리하다.

7. 제품 배송 시 동봉된 손잡이를 달아준다.

반제품은 조립하는 재미가 하나 더 있어 좋고,
완제품은 내 맘대로 칠하고 표현하는… 후가공에만 올인할 수 있어 참 좋다!

마지막에 칠한 바니시 덕에 먼지가 앉아도 물티슈로 쓱~ 닦기만 하는 간편함까지!

좁은 현관을 위한 신발장

자주 신는 신발들을 좁은 현관에 그냥 둔다면…
상상만 해도 발 디딜 틈이 없을 것 같다.
이럴 때 벽에 걸 수 있는 칸칸 신발 수납장이 있다면 어떨까?

사포질 → 페인팅 → 건조 → 포인트 문양 만들기 → 조립 → 부착

▶ 준비물 : 키즈 신발장(페인트인포 폼폼 DIY 키즈 5단 신발장), 트레이, 롤러, 붓, 흰색 페인트(던에드워드
　　　　에베레스트 DEW340), 컬러 시트지(검은색), 목공용 접착제, 액자고리, 드릴
▶ 소요시간 : 1시간 20분

한 살 한 살 커가는 아이의 조그맣던 발도 함께 커져 이제는 신발 크기가 제법 커졌다.
좁은 현관에 아이 신발까지 있으니 매우 복잡해 보인다.

자주 신는 신발, 계절에 따라 꺼내 놓아야 할 신발…, 비 내리는 날이면 현관은 더 복잡하다.

목 마른 자가 우물을 파라고 하지 않던가!
29,000원으로 난 이 비좁은 공간에 단비와 같은 수납장을 만들었다.

1. 반제품 신발장의 구성품을 확인한다. 먼저 나무 판을 고운 사포로 다듬는다.

※ 고운 사포로 살짝만 다듬고 깨끗하게 한 번 닦는다.

  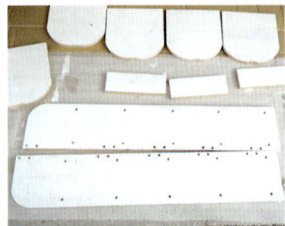

2. 트레이에 페인트를 적당량 덜어 롤러에 페인트를 적신다.
　　칠할 때는 전체를 한 번 칠한 다음 다시 칠하는 식으로 총 3회를 얇게 바른다.
　　이때 넓은 면은 롤러로, 모서리와 같이 좁은 면은 붓으로 칠한다.

※ 붓보다 롤러로 작업하면 확실히 얇게 발리고 작업 속도가 빠르다.

롤러를 자주 사용한다면 보관할 때는 우선 물티슈를 2장 정도 겹쳐서 롤러를 감싼 다음
비닐봉투에 담아 밀봉한다. 하루까지는 이렇게 보관해도 괜찮다.

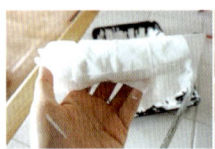 

한동안 사용하지 않는다면 물에 푹 담가 한 번 꽉 짜준 뒤 미지근한 물로 깨끗하게 세척해
건조시켜야 한다. 단, 유성 페인트라면 롤러나 붓의 재사용은 힘들다.

3. 검은색 시트지를 가로 세로 1㎝인 정사각형으로 잘라 준비한다.

  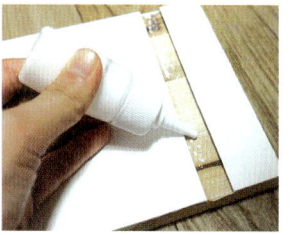

4. 신발장 맨 위 선반에 검은색 시트지를 간격에 맞춰 다이아몬드 패턴으로 붙인다.

5. 옆판과 선반 연결 부분의 홈 파인 곳에 목공용 접착제를 바른다.

6. 옆판과 선반을 홈에 맞춰 끼운 다음 피스로 연결한다. 시트지를 붙인 선반만 눕혀서
조립하고, 선반 조립이 모두 끝나면 목공용 접착제와 피스로 뒤판도 연결한다.

※ 피스 조립 전 접착제를
바르는 과정은 필수다.

7. 다른 쪽 옆판도 같은
방법으로 선반 홈에 맞춰
연결하고, 바닥판과 위판도
연결한다.

8. 신발장 위쪽 뒷면에 액자고리를 달고, 바닥판 쪽에는 벽에 'ㄱ'자 꺾쇠를 박아
지지대를 만든다. 그런 다음 조립이 끝난 신발장을 벽에 고정시킨다.

 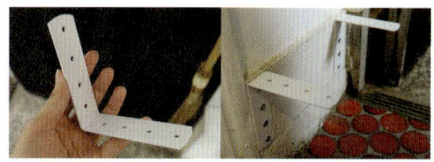

수납과 테이블의 2중주

수납도 하고 액자 등의 작은 소품을 놓기에는 캐비닛이 딱이다.
캐비닛 하나로도 인테리어 효과는 충분하지만
실용성까지 갖춘 수납장이라면 작은 집에는 꼭 필요한 가구다.

캐비닛 조립 → 페인팅 → 건조 → 페인팅 → 건조 → 다리, 손잡이, 캐비닛 택 부착

▶ 준비물 : 캐비닛 반제품 세트(페인트인포의 마조 캐비넷 수납장), 목공용 접착제, 드릴, 페인트(던에드워드 에베레스트 DE5681 Pare Jade), 다리, 캐비닛 택, 손잡이, 트레이, 롤러, 붓, 드릴, 비닐봉투, 물티슈

▶ 소요시간 : 1시간 20분

반제품 가구 DIY로 부족한 수납의 고민을 해결하고 있던 중… 이벤트에 당첨된 나.
이게 웬일인가! 74,500원의 캐비닛 수납장 반제품이 내 품안에 들어오다니….

크기는 가로 795mm×세로 300mm×높이 413mm로 조금 아담한 캐비닛이다.
이 집에는 딱 좋은 크기다. 작은 집일수록 너무 큰 가구를 배치하면 좁고 답답해 보이니까.

하단은 수납장으로 사용하고, 상단에는 사진 액자 등을 놓는 테이블로 활용할 수 있겠다.

우연한 기회로 내게 온 원목의 반제품을 기쁜 마음으로 조립하고
예전부터 갖고 싶던 민트 빛의 캐비닛으로 변신시켰다!

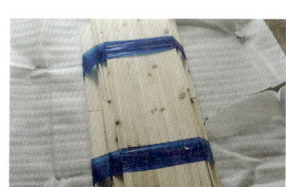
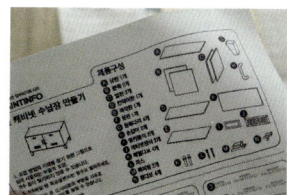

1. 반제품 구성품을 확인한 다음 설명서 내용도 꼼꼼히 체크한다.

2. 먼저 바닥판과 옆판을 홈이 파인 부분에 맞춰 목공용 접착제 → 피스로 연결한다. 같은 방법으로 나머지 옆판도 연결한다.

3. 뒤판을 양 옆판의 홈이 있는 부분에 맞춰 위에서 아래로 끼워 넣는다.

   그런 다음 양 옆판 구멍에 평다보(반제품 구입 시 포함된 부속품)를 끼운 후 선반을 올린다.

※ 옆판 1장에는 평다보를 끼울 수 있는 구멍이 8개가 있어 선반의 높이를 4단계로 조절할 수 있다. 평다보를 원하는 위치의 구멍에 끼워 선반의 높이를 조절하면 된다.

4. 바닥 판에 있는 구멍에
은색의 메탈다보를 긴 쪽이
위로 올라오도록 끼운다.
그런 다음 메탈다보에
문짝을 끼워 넣는다.

5. 문을 닫은 상태에서
자석철을 올려 위치를 잡고
피스로 고정시킨다. 자석철
위치에 맞춰 은색의 자석을
문짝에 부착시킨다.

6. 문짝 위 구멍에 메탈다보를 끼워 상판을 올린다. 상판의 필요 없는 구멍에는 우드
필러(목공용 메꿈이)로 채워 평평하게 맞춘다.

조립 완성! 이제부터 민트 빛의 페인팅을 시작하자!

7. 트레이에 적당량의 페인트를 담아 롤러에 페인트를 골고루 묻힌다. 캐비닛 표면과 문짝에
1회 페인팅 후 건조시키고 다시 1회 더 칠한 다음 완전히 건조시킨다.

※ 던에드워드 에베레스트 DE5681 Pare Jade 페인트는 바니시 작업을 별도로 할 필요가 없다.
1회만 칠해도 원하는 색감이 잘 나오지만 여기서는 2번 칠했다.

※ 1회 페인팅 후 2회째 페인팅을 하기 전까지(건조시간 동안) 롤러와 붓은 물티슈 2장으로 감싼
다음 트레이에 함께 담아 비닐봉투로 밀봉해 둔다.

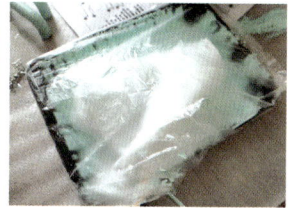

8. 롤러가 잘 닿지 않는 모서리와 다리, 캐비닛 택, 손잡이는 붓을 사용하여 꼼꼼히 칠한다.

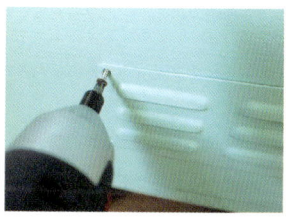

9. 페인트가 완전히 건조되면 피스를 사용해 캐비닛 바디에 캐비닛 택, 다리, 손잡이를 부착한다.

깨끗한 화이트 톤의 벽지, 내추럴 우드나 핸디코트로 시공된 벽에
민트색 캐비닛을 배치하면 잘 어울릴 것 같다.

이 캐비닛 수납장은 다리 빼고 높이가
300mm라서 높은 편이 아니다.
그래서 캐비닛 위의 벽 공간과 캐비닛 상판을
잘 활용하면 좋을 것 같다.
스탠드, 사진 액자, 예쁜 엽서 등으로….

수납장의 플러스 알파

좁은 주방에는 각종 주방기기들을 수납할 수 있는 공간이 부족하다.
또 아일랜드 식탁과 같은 보조 조리대를 두기도 여의치 않다.
이럴 때 조리대 겸용의 콤비 수납장을 만들어보자.

반제품 조립 → 닦기 → 페인팅 → 건조 → 타일 필름 시트지 재단 → 시트지 부착

▶ 준비물 : 테이블 반제품 세트(햇살맑은집의 원목 3단 선반 테이블), 목공용 접착제, 드릴, 페인트(던에드워드 에베레스트 DE6385 BLACK BEAN), 보닥 타일 필름 시트지(한화 L&C 스퀘어블랙) 1박스(10매), 폼브러시, 작은 붓, 트레이, 커터칼, 자
▶ 소요시간 : 50분

DIY 가구에 자신이 없을 때,

동네 공방에서 비싼 값을 지불하고 맞춘 2단 조리대 겸용 수납장.

지금까지 좁은 주방에서 참 요긴하게 사용했다.

밥솥, 토스트기, 쌀통, 미니 오븐 등 생각보다 많은 주방용품들을 수납했고,

상단은 조리대로 사용했다. 또 좁은 공간을 위해 커튼식 도어를 설치했었다.

반제품 DIY 가구 조립에 익숙해진 이후로는

이 2단 조리대 겸용 수납장만 보면 가격 때문에 약간은 속이 쓰리다.

특히 DIY 가구 쇼핑몰에 들릴 때마다

착한 가격의 요런 조리대 겸용 테이블을 볼 때면 더 그렇다.

그래서일까? 실용적인 면에서 너무너무 고맙지만…,

'이제는 질린다~ 너!'

그렇게 이 아이를 변신시키기로 마음 먹은 난,

기름이나 양념 얼룩 튈까봐

조심조심 사용했던 기억을 떠올려

단점을 보완하는 리폼을 선택했다.

그것은 바로 타일 시트지! 얼룩 묻으면 바로 물티슈로

닦거나 세제로 깨끗하게 지울 수 있는 소재다.

난 그렇게 주방의 수납 해결사, 조리대 겸용의 2단 콤비 수납장을

보닥 타일 필름과 새로운 페인팅으로 변신시켰다!

1. 타일 필름을 시공할 면과 페인팅해 줄 조리대의 표면을 물티슈나 걸레로 깨끗이 닦는다.

2. 트레이에 적당량의 페인트를 담고 폼브러시에 페인트를 묻혀 표면이 넓은 곳부터 칠한다.

※ 타일 필름을 시공할 상판 면은 페인팅을 하지 않는다.

※ 스펀지가 닿지 않는 모서리 부분은 작은 붓으로 꼼꼼히 칠한다.

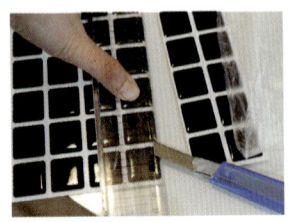

3. 페인트가 건조되는 동안 타일 필름을 부착할 부위 면의 크기를 잰 다음
   필요한 수량만큼 커터칼로 재단한다.

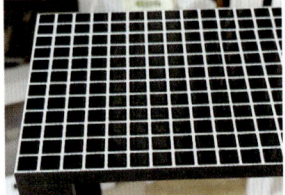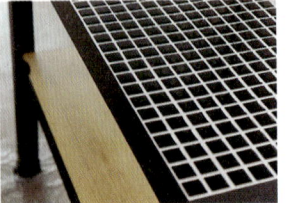

4. 타일 필름의 이형지를 떼어내고 상판 위에 수평을 맞추면서 부착한다.

※ 필름 시트지는 위치를 잘 잡은 후 꾹꾹 누르면서 붙인다.

블랙 빛이 세련돼 보인다. 거실로 데려가고 싶기도 하고….
위치를 옮기면 주방은 난장판, 거실은 복잡해질 것 같아서 포기다.

26,000원으로 콤비 수납장 리폼 완성! 소재 굿! 진짜 타일을 시공한 것 같다.
더러워지고 오랜된 가구가 있다면 리폼 재료로는 완전 좋다. 다시 한 번 느끼지만…,
나처럼 일자형 주방에 사는 사람들에게는 정말 좋은 조리대 겸용 콤비 수납장이다!

7

July

변신의 계절

July / renewal

봄, 여름, 가을 그리고 겨울. 계절이 바뀌면 사람들은 자신의 모습에 변화를 주곤 한다. 물론 나도 마찬가지였다. 하지만 결혼을 하고 나서부터는 가족과 함께 지내는 공간, 집 꾸미는 것에 온통 관심을 쏟게 되었다. 정말! 요즘은 집에 시간과 에너지, 돈을 쓰는 것이 좋다. 재밌다!

봄이면 화사한 컬러로 샤방샤방 로맨틱하게 꾸미고 싶고, 여름이 되면 하늘색이나 초록색 같이 파릇파릇한 색상으로 시원한 분위기를 연출하고 싶고, 가을과 겨울이 되면 좀 더 차분하고 따뜻해 보이는 모노톤의 색을 쓰겠노라!

혼자서 계절별 컬러 계획을 세우고 있는 나. 지금 7월은 한창 더운 여름이다. 8월이 지나면 금새 가을바람이 불 테고, 짧은 가을이 지나면 추운 겨울이 찾아올 것이다. 그래서 마음이 급하다. 이 작은 집에 컬러 변신을 본격적으로 꾀한 적은 없었기 때문이다. 이런저런 이유로 망설인 탓에 그동안 집안 곳곳을 페인팅하고 싶은 마음을 행동으로 옮기지 못했다.

낡은 현관문부터 바닥, 신발장까지 그동안 얼마나 참아왔던가! 지난 봄에 주방과 거실은 화이트 톤으로 바꾸기는 했지만, 가스레인지가 놓인 주방 베란다는 금새 더러워졌다. 문을 자주 열어 놓는 탓에 밖에서 들어오는 온갖 먼지와 음식을 만들면서 생기는 기름 때, 알록달록 양념이 튄 흔적들…, 주방 등도 바꾸고 싶다! 눈을 돌리면 내 시야에 들어오는 것은 온통 낡고 지저분해진 것들만 보일 뿐이다.

'주저하지 말고, 이번에는 반드시 시도하리라~!'

그래서 난, 이번 7월에는 반드시 낡고 오래된 이 작은 집을 변신시키기로 굳은 결심을 했다.

'그래, 리뉴얼이다! 화끈하게 변신시키고 땀 내자!'

우선 무엇부터 해야 할까? 남편과 구체적인 상의를 하기 전에 먼저 계획을 세웠다. 집 리뉴얼에 드는 예상 경비, 작업 시간과 일정, 컨셉과 컬러 선택, 재료 구입 등 나름의 계획을 세운 다음 남편과 상의했다. 왜냐하면 남편의 도움 없이는 불가능한 작업도 있기 때문이다. 또 함께 작업해야 더 재밌게 할 수 있을 테니까….

셀프 페인팅으로 집 리뉴얼 결정! 전문가의 도움 없이도 페인트와 도구만 있으면 누구나 할 수 있고, 벽지 위에 바를 수 있다는 점이 매력적이다. 마지막으로 실전에 앞서 셀프 페인팅에 대한 정보를 조금 더 알아보기로 했다.

self
painting
guide
book

HEALTH ENHANCEMENT

DISEASE PREVENTION & EARLY INTERVENTION

CRAIG WEISS

SPRINGER

HOME&
TONES
All about Housing Color

홈앤톤즈 http://homentones.com

셀프 페인팅 완전정복!

• 컬러 배색의 선택 •

전혀 다른 계열의 컬러라도 명도와 채도의 톤이 비슷하면 잘 어울린다. 따라서 원하는 컬러 한 가지를 먼저 선택한 다음 비슷한 톤으로 같은 계열의 색이나 전혀 다른 색을 정하면 된다. 그런 다음 칠할 면적을 고려해 컬러와 양을 최종 결정하는데, 넓은 면적에는 밝은 톤으로, 좁은 면적에는 어두운 톤을 칠해야만 작은 집에는 더 안정감을 줄 수 있다.

• 셀프 페인팅 준비하기 •

1단계 페인트 칠할 곳 선택하기

침실, 아이 방, 거실, 주방, 베란다 등 페인트 칠할 공간을 결정한다.

2단계 페인트 컬러 결정하기

❶ 가구, 몰딩, 바닥의 색과 디자인을 고려해 컬러를 선택한다.
❷ 채광과 조명의 위치, 밝기 정도에 따라 컬러를 선택한다.
❸ 칠할 공간별로 메인 컬러 한 가지를 결정한 후 같은 톤으로 배색 컬러 1~2가지를 결정한다.
❹ 공간별로 컬러를 결정하더라도 칠할 면적에 따라 베이스와 포인트 컬러는 최종적으로 달라질 수 있다.

4단계 페인트 도구 구입하기

❶ 붓과 트레이, 장갑, 마스크는 작업 참여 인원을 체크한 다음 인원에 따라 필요 수량을 정한다.
❷ 마스킹 테이프, 커버링 테이프 등 청결 보조 도구들은 칠할 곳의 면적에 따라 수량을 정한다.
❸ 기타 도구들은 공동으로 사용할 것인지 개별로 필요한지 체크해 적절한 수량으로 준비한다.

3단계 페인트 구입하기

❶ 피부에 직접 닿는 것을 고려해 친환경 페인트로 선택한다.
❷ 생활 속 오염에 강해야 한다.
❸ 항균성을 갖춘 제품을 고른다.
❹ 컬러가 오랜 시간 지속되어야 한다.
❺ 컬러별로 필요한 양을 정하고 조금 여유있게 구입한다.

5단계 페인팅 실전 방법 마스터하기

셀프 페인팅에 필요한 기초 지식을 습득한 다음 작업 순서를 정한다.

브러시 페인트 붓은 면적이 적고
구석진 곳에 사용하기 좋다.
1.5, 2, 2.5, 3, 4인치까지
다양하게 있어 페인팅할
공간에 맞게 선택하면 된다.

롤러는 넓은 면적을 균일하게
칠할 때 편리하다.
또 천장이나 높은 곳, 벽면,
천장, 붙박이장 등에는
폴대를 끼워 사용하면 편하다.
특히 페인팅이 서툰 사람이
사용하기에 좋다. 붓으로 처음
셀프 페인팅을 하면 붓 자국이
생길 수 있는데, 붓 자국 없이
깔끔하면서도 매끈하게
칠할 수 있고 또 칠하는 시간도
절약할 수 있어 좋다.

• 셀프 페인팅 도구 •

▶ 필수 도구

1. **커버링 테이프.** 비닐이 달려 있어 바닥, 문 손잡이 등 페인팅 시 오염을 방지하기 위해 사용한다.

2. **브러시 붓.** 주로 1.5~2.5인치 붓을 많이 사용한다.

4. **트레이.** 페인트를 덜어서 쓰는 플라스틱 용기로 롤러 크기에 맞춰 구입한다. 페인트는 오목한 면에 붓고, 붓과 롤러에 묻는 페인트 양은 평평한 면에 문지르면서 조절한다.

5. **롤러.** 넓은 면이나 높은 곳을 칠할 때 사용한다.

6. **마스킹 테이프.** 문이나 콘센트, 경계 부분에 붙이면 깔끔한 페인팅이 된다.

▶ 선택 도구

3. **헤라.** 핸디코트 시공 시에는 꼭 필요한 도구이다. 컬러 페인팅을 할 때에는 벽이나 가구에 묻은 이물질을 제거할 때 사용한다.

7. **오프너.** 생각보다 페인트 뚜껑이 잘 열리지 않는다. 힘들이지 않고 쉽게 페인트 뚜껑을 열 수 있다.

8. **핸드믹서.** 페인트는 페인트 용기의 깊은 바닥까지 골고루 섞은 다음 사용해야 한다. 그래야만 페인트 색이 분리되거나 뭉치는 것을 막을 수 있다. 핸드믹서 대신 긴 막대를 이용해도 된다.

▶ 기타 도구

자, 연필, 장갑, 커터칼 또는 가위, 마스크, 페인팅 시 착용할 옷과 모자, 붓을 씻을 물과 물통, 위생봉투, 랩 , 신문지

벽면 페인트의 양은 어떻게 계산할까?

가령 2회 도색을 기준으로 수성 페인트 1ℓ당
6.7㎡ 정도의 면적을 칠할 수 있는 제품이 있다.
※페인트 1통 1L＝6.7㎡

칠할 방은 가로 3m이며, 세로 4m, 높이 2m이다.
※(3×2)+(4×2)+(3×2)+(4×2)＝28㎡

칠하지 않는 방문의 면적은 0.9㎡이며,
칠하지 않는 창문의 면적도 0.9㎡이다.
※28-(0.9×3)＝25.3㎡
즉, 방의 벽면을 칠할 페인트의 양은
2회 칠하는 기준으로 4통이다.
※25.3÷6.7＝3.77

페인트는 발색이 잘 되는 제품을 선택해야 한다. 처음 페인트를 개봉했을 때의 느낌과 시공 후의 색감이 다르면 안 되기 때문이다. 실제 페인팅을 칠했을 때 톤이 많이 어두워지거나 더 밝아지는 제품이 있다. 또 1회 페인팅 시 색상 표현이 되지 않아 3번 이상을 칠해야만 발색이 되는 페인트도 있다. 선택하고자 하는 페인트가 발색이 잘 표현되는지, 색감이 예쁘게 나타나는지 제조사별로 제품을 꼼꼼히 체크해야 한다. 또한 작업하고자 하는 면과 페인트의 접착이 잘 되는지 접착력을 따져봐야 하고, 모두 칠하고 난 뒤 오랜 시간이 지나도 처음 발랐던 색이 변하지 않는지 내구성도 따져봐야 한다.

• 필요한 페인트의 양 •

1. 페인트 칠할 공간의 면적 측정하기 : 벽면의 높이와 너비 측정, 천장의 가로와 세로를 먼저 측정하고, 창문과 방문의 면적을 제외한 칠할 곳의 전체 면적을 파악한다.

2. 페인트 제조사별 소요량 알아보기 : 페인트의 용기에는 칠할 수 있는 면적이 표기되어 있다. 페인트 1통당 제조사별로 제품에 따라 소요량이 다르므로 제품에 표기된 내용을 확인한다. 그 기준으로 칠할 곳의 면적을 나누면 필요한 페인트의 양이 나온다.

3. 페인트 소요량 계산하기

• 천장 면적(m^2)=천장 가로(m)×천장 세로(m)
• 방문 면적(m^2)=방문 가로(m)×방문 세로(m)
※ 창문도 같은 방법으로 면적을 계산한다.

• 벽면 1면의 면적(m^2)=벽면 가로(m)×벽면 세로(m)
• 방 1개의 벽면 총 면적(m^2)=(가로 벽의 면적×2)+(세로 벽의 면적×2)−(창문 면적+방문 면적)

∴ 필요한 페인트의 양=(천장 면적+벽면 면적)÷페인트 1L(또는 1kg)로 칠할 수 있는 면적

※ 방을 사각형으로 보면 4개의 면이 있다. 즉, 전체 벽면 면적은 4면을 모두 합한 면적을 의미한다. 따라서 1면의 면적을 각각 계산한 다음 모두 더하면 된다.

※ 페인트는 붓, 롤러, 용기 등에 묻거나 바닥에 떨어지는 손실량을 고려해 넉넉히 준비하는 것이 좋다.

※ 보통 페인트 1L로 2번 칠할 경우 방문 앞뒷면으로 2개를 칠할 수 있는 양이다. 또 2L로는 2.5~3평 정도 칠할 수 있다.

Q. 페인트를 잘 칠할 수 있는 방법은?

A. 붓에 묻은 페인트 양을 적당히 조절해야 깔끔하게 잘 칠할 수 있다. 붓은 털 길이의 절반, 또는 $\frac{1}{3}$ 정도만 페인트를 묻힌 뒤 트레이에 여러 번 쓸어 양을 조절한다. 페인팅은 얇게 여러 번 칠하는 것이 중요하다. 따라서 기본 2회는 칠해야 예쁜 색상이 나온다. 1회 도색은 밑바탕이 보여도 되니 얇게 칠하고, 2회 때 롤러로 위에서 아래로 내리며 한 방향으로 칠하면 최대한 얼룩 없이 칠할 수 있다. 넓은 면적은 칠할 면적을 $\frac{1}{3}$로 나누어 순차적으로 칠하도록 한다.

• 셀프 페인팅 기본 가이드 •

❶ 페인트를 개봉할 때는 뚜껑에 오프너를 끼워 지렛대 원리로 들어 올린다. 오프너가 없다면 500원짜리 동전을 이용한다.

❷ 페인트 사용 전에는 페인트가 뭉치지 않도록 핸드믹서 또는 긴 막대로 바닥까지 골고루 섞는다.

❸ 건조시간은 1회 페인팅 시 30분, 2회는 2~3시간이다. 건조시간은 날씨와 온도에 따라 달라질 수 있다.

❹ 트레이에 비닐을 씌우거나 커버링 테이프로 감싼 뒤 비닐 시트로 덮어 놓으면 재활용이 간편하다.

❺ 사용한 붓과 롤러는 페인트가 마르기 전에 세척한다. 중성세제를 푼 미지근한 물에 깨끗하게 빨아 그늘진 곳에서 말린다.

❻ 남은 페인트는 뚜껑을 잘 덮어 밀봉하거나 깨끗한 밀폐용기에 담아 상온 보관한다. 이물질이 들어가지 않은 경우 1년 정도 보관이 가능하다.

Q. 셀프 페인팅 시 붓과 롤러의 사용법은?

A. 벽면 페인팅의 경우 2인치 브러시 붓과 9인치 롤러를 사용하는 것이 적당하다. 방문 손잡이나 전기 스위치 주변, 바닥 또는 몰딩과 벽의 경계처럼 롤러로 칠하기 힘든 부분은 브러시.붓을 사용해 빈 곳이 없도록 바른다. 넓은 면적은 롤러로 칠해야 작업시간을 줄일 수 있고 붓질 자국이 없이 도색된다. 롤러는 천천히 W자나 M자를 그리며 칠하는 것이 좋다.

• 실전! 벽지 위 벽면 셀프 페인팅 •

❶ 바닥에 비닐이 달린 커버링 테이프를 붙여 페인트가 묻는 것을 방지한다.

❷ 콘센트와 스위치 등 페인팅하지 않을 부분에 마스킹 테이프를 붙인다.

❸ 오염을 방지해야 하는 모든 곳과 경계 부분 등 롤러로 칠하기 어려운 곳은 마스킹 테이프를 붙인 다음 브러시 붓으로 칠한다.

셀프 페인팅의 완성도를 좌우하는 건 꼼꼼한 보양 작업이다.
페인팅 전에 페인트를 칠하지 않는 문과 창틀, 콘센트, 경계 부분까지 마스킹 테이프와 커버링 테이프로 꼼꼼히 커버한 후 페인팅을 하면 주변 오염을 방지해 깔끔한 페인팅이 된다.

❹ 넓은 면적은 롤러를 이용해 W나 M자 모양으로 칠한다. 1회 페인팅 건조(약 30분) 후 발색력에 따라 1~2회 더 칠한다.

❺ 페인팅이 모두 끝나면 페인트가 완전히 마르기 전 즉시 마스킹 테이프와 커버링 테이프를 떼어낸다.

❻ 2~3시간 정도 후 얼룩 없이 완전히 마르면 완성이다.

벽지 전용 페인트 추천 제품 : 더클래시 아토프리 Wallpaper
실크, 합지 등 모든 벽지 위 페인팅에 최적화된 제품으로 페인팅 입문자도 손쉽게 도전할 수 있다.
무광 | 건조시간 1회 30분, 2회 페인팅 후 2~3시간 | 도표 면적은 1L당 6.7㎡(2회 도장 기준) | 용량 1L, 4L

다목적 리폼용 페인트 추천 제품 : 더클래시 아토프리 MULTI
실크, 합지 등 모든 벽지 위 페인팅에 최적화된 제품으로 페인팅 입문자도 손쉽게 도전할 수 있다.
저광 | 건조시간 1회 30분, 2회 페인팅 후 2~3시간 | 도표 면적 1L당 6.7㎡(2회 도장 기준) | 용량 1L, 4L

• 실전! 방문·가구·싱크대·소품 리폼 페인팅 •

❶ 페인트가 묻거나 튀지 않도록 도어와 몰딩을 제외한 벽면에 마스킹 테이프를 붙인다.

❷ 손잡이와 걸레받이에도 커버링 테이프를 붙인 뒤 비닐 시트를 펼쳐 감싼다.

❸ 젯소를 얇고 고르게 칠한다. 모서리와 틈새는 브러시 붓으로, 넓은 면은 롤러로 칠한 뒤 1~2시간 동안 충분히 건조시킨다.

❹ 젯소가 건조되면 매끄럽지 않은 표면이나 공기가 들어간 부분을 사포로 부드럽게 샌딩해 면을 고르게 한다.

❺ 틈새와 모서리부터 먼저 브러시 붓으로 페인트를 칠한다.

❻ 넓은 면은 W자를 그리듯 롤러로 천천히 밀면서 페인트를 칠한다. 1회 페인팅 건조(약 30분) 후 페인트의 발색력에 따라 1~2회 더 칠한다.

❼ 페인팅이 모두 끝나면 페인트가 완전히 마르기 전 즉시 마스킹 테이프나 커버링 테이프를 떼어낸다.

❽ 2~3시간 정도 후 페인트가 손에 묻어나지 않으면 완성이다.

리폼 페인팅은 도색할 페인트의 접착력과 지속력을 높여주기 위해 젯소를 먼저 칠한다. 문 리폼 시 철제 도어는 매끈한 스펀지 롤러, 목재 도어는 털이 긴 롤러를 사용한다.

가족 구성원의 성향과 취향을 고려하고, 공간의 사용 용도에 따라 어울리는 컬러를 선택하는 것이 중요하다. 먼저 넓은 면적에 사용할 베이스 컬러를 정하고, 베이스 컬러를 돋보이게 할 포인트 컬러를 선택한다. 포인트 컬러는 공간의 강약을 주는 색이므로 베이스 컬러에 따라 채도와 명도를 고려해 강하거나 약한 색감을 선택한다. 만일 선택한 2가지 색 모두 너무 강하거나 구별이 어려울 정도로 비슷하면 중간 컬러로 무채색을 활용하면 된다.

▶ 가구와 매치하라!
페인트를 칠할 공간에 있는 가구의 컬러를 고려해야 한다. 가구와 같거나 같은 계열의 컬러, 가구의 포인트 컬러, 가구와 보색이 되는 컬러를 선택하는 것이 요령이다. 가구와 연결되는 컬러는 무난하면서도 안정감이 있고, 포인트 컬러나 보색 컬러는 감각적인 연출이 가능하다.

홈앤톤즈 공간별 컬러 제안

SH S 2010-B90G
SH S 0502-Y50R
SH S 1010-G20Y
SH S 1010-B10G
SH S 4010-R90B
SH S 1020-G90Y
거실 추천 컬러

SH S 2010-R30B
SH S 0907-Y90R
SH S 5010-R90B
SH S 4005-Y90R
SH S 6010-R30B
SH S 1002-Y50R
침실 추천 컬러

▶ 소품에서 모티브를 찾아라!
페인트를 칠할 벽에 그림 액자가 있다면 그림과 같은 톤의 컬러나 그림 속 한 가지 특정 컬러를 선택하는 것도 좋다. 또한 벽면 주위에 있는 인테리어 소품이나 화초에서 색을 찾으면 조화로운 색으로 매칭이 된다. 이렇게 소품에서 매칭할 컬러를 선택할 때는 공간의 벽면을 전체적으로 통일시키기보다는 소품이 있는 한 면만 다른 컬러로 칠하는 것이 훨씬 감각적이며 입체감 있는 공간이 된다.

▶ 바닥 색상을 고려하라!
벽면, 방문, 몰딩 컬러를 정할 때 공간의 바닥 색상을 기준으로 삼는 것도 좋은 방법이다. 공간 확장의 효과가 있고, 입체감 있는 공간 연출이 된다.

• 실전! 공간별 페인팅 컬러 샘플 •

▶ 침실 컬러 가이드

편안한 숙면을 원한다면 안정감을 주는 어두운 컬러 계열, 로맨틱한 분위기를 추구한다면 파스텔 컬러 계열, 서재로도 활용할 생각이라면 명도와 채도가 적절한 평온한 컬러를 추천한다.

▶ 아이 방 컬러 가이드

아이 방 컬러의 선택은 아이의 정서와 성격을 고려하는 것이 가장 좋다. 아이가 너무 소심한 성격이라면 비비드 컬러와 밝은 분위기의 컬러, 과도하게 장난스럽거나 활발한 성격이라면 어둡지 않은 톤의 차분한 컬러로 선택하는 것이 좋다. 무조건 강한 원색은 나쁘다거나 부드럽고 화사한 컬러가 좋다는 통념보다 아이의 성향과 개성, 단점 등을 고려하는 것이 정답이다. 다만 사춘기 자녀의 방은 장시간 사용해도 질리지 않고 심신을 안정시키는 컬러를 선택하는 것이 무난하다.

▶ 거실 컬러 가이드

거실의 벽면 컬러에 가족 전체의 취향을 고려하기란 어렵다. 또 가구나 소품 등 꾸밈 요소가 많아 기준을 정하기 힘들 수 있다. 이럴 때는 거실의 면적을 먼저 고려한 다음 현관문 등 출입

주방 추천 컬러   아이 방 추천 컬러

문과의 배치와 위치, 채광의 정도를 살피는 것이 우선순위다. 그런 다음 인테리어 소품과 가구를 고려해야 한다. 참고로 파스텔 톤은 어느 집에나 무난하게 어울리며, 무채색 컬러는 차분하고 고급스러운 분위기, 채도가 낮은 컬러는 아늑하고 편안한 공간을 연출한다.

▶ 주방 컬러 가이드

주방 벽면의 컬러 역시 공간 면적에서 주는 느낌의 영향이 매우 강하게 작용한다. 먼저 주방 면적, 채광, 다른 공간과의 연결 통로를 확인하는 것이 우선순위다. 그런 다음 주방의 컨셉을 결정해 어울리는 적절한 컬러를 찾아야 한다. 가령 홈 카페 스타일을 추구한다면 빈티지 풍의 컬러로, 모던한 스타일이라면 무채색과 원색을 대비시키고, 내추럴 스타일은 화이트나 차분한 그린 계열로, 지중해 스타일은 블루나 오렌지, 옐로 등 비비드 컬러 계열이 적당하다.

가구의 재질과 컬러, 조명의 디자인에 따라
벽면과 천장 컬러를 선택하면 특별한 컨셉을 부여하지 않아도
자연스럽게 인테리어 스타일이 만들어진다.

self painting color sample

단색으로 컬러링을 할 경우
선반을 부착해 액자 등의 소품 인테리어를 한다.

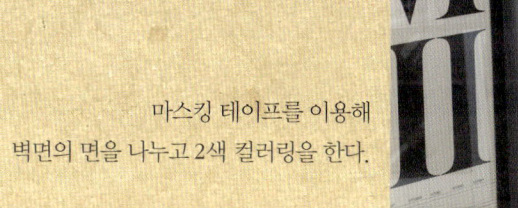

마스킹 테이프를 이용해
벽면의 면을 나누고 2색 컬러링을 한다.

전면을 화이트 톤으로 칠할 경우 생활 속 오염이 생길 수 있다.
따라서 벽의 하단 부분에는 매칭 컬러 한 가지를 더 사용해 칠한다.

아이가 좋아하는 컬러와 캐릭터를 활용하면
아이의 정서에 안정감을 줄 수 있다.

핑크 컬러는 자칫 촌스럽게 보일 수 있다.
이럴 때는 공간에 놓일 가구, 패브릭 등으로
일체감을 주는 스타일링이 필요하다.

비슷한 계열의 컬러로
벽면 분할 컬러링을 하면
벽지 이상의 패턴 효과를 볼 수 있다.

문에 단색으로 컬러링을 해도 심플하지만
시트지나 부분 페인팅, 그래픽 스티커를
활용하면 액자와 같은
프레임 인테리어가 가능해진다.

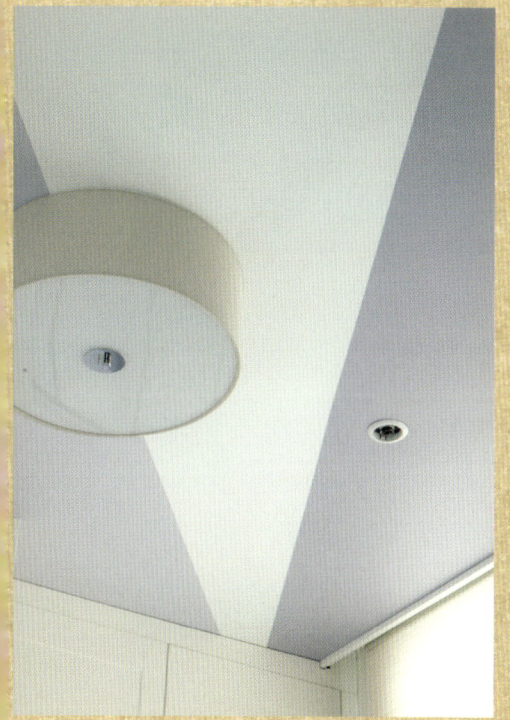

채광이 들어오는 벽면이나 문에
포인트 컬러링을 하면
공간이 넓어 보이는 효과가 있다.

벽면의 면 분할 컬러링 시
강렬하게 대비되는 컬러의 선택은
자칫 위험할 수 있다.
이럴 때는 공간에 컨셉을 부여하는 것이 좋다.
소품 등으로 일체감을 주거나
하나의 통일된 스타일로 연출해야 한다.

천장 역시 면 분할 컬러링을
과도하게 할 경우 공간 연출이 어려울 수 있다.
이럴 때는 가구, 바닥, 패브릭 등의 컬러가
한 가지 색 또는 같은 계열이거나
전체적으로 화이트 톤이면 어색하지 않다.

침실과 같은 공간은
그 공간의 용도와 기능에 중점을 두어
컬러를 선택해야 한다.
숙면을 취할 수 있는 컬러를 선택하더라도
자칫 너무 어둡거나 무거워 보일 수 있는
컬러의 선택은 조심해야 한다.
이럴 때는 침실 소품과 패브릭 컬러로
보완해야 한다.
비비드 컬러와 같이 강렬한 컬러 또한
침실 스타일링이 보조 역할을 해야 한다.

비비드 컬러나 짙은 톤의 강렬한 컬러는
채광이 들어오는 벽면 혹은
특정한 한 면에만 컬러링을 하면
실패하지 않는다.

액자를 낮은 위치에 부착하거나
시선이 가는 포인트에
소품 인테리어를 하면
공간이 오히려 넓어 보이는 효과가 있다.

홈앤스톤즈의 도움으로 셀프 페인팅에 대해 완전히 마스터한 우리는 본격적으로 리뉴얼 계획과 예산을 짜보기로 했다. 적은 예산으로 낡고 오래된 작은 집을 변신시킬 수 있다면 가성비 최고의 셀프 인테리어가 될 것이다. 이것이야말로 진정한 셀프 인테리어가 아닐까?

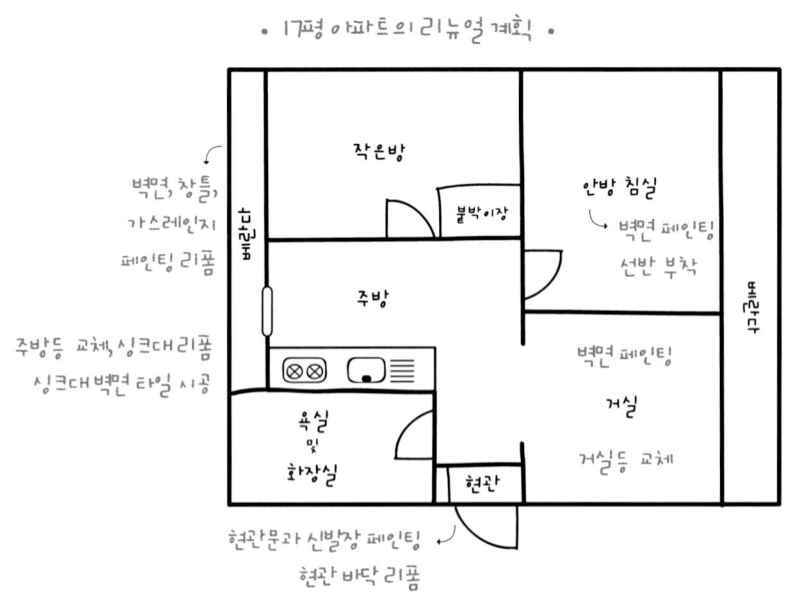

페인트 제품 리뷰, 다른 집 인테리어 컬러 샘플, 재료 가격 비교 등…, 7월은 온통 집 리뉴얼에 관한 사전 조사로 시간을 보냈다. 8월은 여름 내내 신나게 땀 흘리며, 짬짬이 시간을 내서 우리 집을 변신시킬 예정이다. 그리고 난 이런 상상을 해본다.

'우리는 아마도 이 집의 리뉴얼을 모두 끝내고 한참을 둘러보겠지! 리뉴얼된 이 집에서의 아늑한 생활을 꿈꾸며…, 그렇게 가을과 겨울을 기다릴 것이다. 그리고 겨울이 지나가고 따뜻한 햇살이 비추는 봄이 오면 또 우리 집은 어떤 디자인의 무슨 색 옷을 입게 될까?'

★ 너무 하얗고 착하기만 한 거실

• 벽면 연한 그레이 페인트(삼화페인트 더클래시 아토프리 월페이퍼 0001D) 1L 1통	28,500원
• 벽면 흰색 페인트(삼화페인트 더클래시 아토프리 월페이퍼 화이트 컬러) 1L 1통	28,500원
• 거실 조명	116,000원
• 천장 흰색 페인트(삼화페인트 더클래시 아토프리 월페이퍼 화이트 컬러) 1L 1통	28,500원
• 몰딩 연한 그레이 페인트(삼화페인트 더클래시 아토프리 월페이퍼 0001D) 1L 1통	28,500원
거실 합계	230,000원

★ 낡고 오래된 주방과 주방 베란다

• 컬러 1 : 블루 그레이 페인트(삼화페인트 0014C SH S 5502-B) 1L 1통	28,500원
• 컬러 2 : 흰색 페인트(삼화페인트 더클래시 아토프리 월페이퍼 화이트 컬러) 1L 1통	11,500원
• 주방 조명	58,000원
• 싱크대 리폼 대리석 필름 시트지	10,100원
• 싱크대 손잡이 리폼용 페인트(아트랩 스프레이 블랙)	18,000원
• 싱크대 벽면 타일	51,000원
• 가스레인지 페인트(블랙, 신발장과 현관문에 사용한 페인트 재활용)	0원
주방 합계	177,100원

★ 북유럽 스타일의 침실 벽면

• 컬러 1 : 연한 그레이 페인트(삼화페인트 0053C SH S 3010-R90B) 1L 1통	28,500원
• 컬러 2 : 블루 그레이 페인트(삼화페인트 0014C SH S 5502-B) 1L 1통	28,500원
• 컬러 3 : 흰색 페인트(남은 페인트 재활용)	0원
• 침실 선반(집에 있는 낡은 선반 재활용)	0원
• 침실 선반 리폼용 페인트(삼화페인트 0053C 남은 페인트 재활용)	0원
침실 합계	57,000원

★ 현관문 · 신발장 · 현관 바닥

• 블랙 페인트(던에드워드 에베레스트 DE6385 BLACK BEAN) 1L 1통	33,000원
• 젯소 1L 1통	25,000원
• 현관 바닥 데코 타일(가로 세로 30cm) 6장	12,500원
• 흰색 시트지(집에 남아 있는 자투리 사용)	0원
• 그래픽 스티커	7,000원
현관 합계	77,500원

※ 9인치 롤러, 2인치 브러시 붓, 9인치 트레이, 헤라, 커버링 테이프, 마스킹 테이프, 장갑
※ 바니시, 스펀지, 사포

August

셀프 페인팅 인테리어

8

August / self painting

우리집 리뉴얼은 작업도 어렵지 않고, 돈도 절약할 수 있는 셀프 페인팅으로 결정했다! 세부 계획에 따라 페인트 등 리뉴얼에 필요한 제품을 구입했다.

'내가 고른 페인트의 색상이 칠한 후에 제대로 나올까?'

걱정 반, 기대 반. 아무리 적은 예산이라고 하지만, 그래도 빠듯한 살림에는 이런 빅 이벤트에 돈을 지출한다는 게 사실 부담이 된다. 그러니 반드시 이 리뉴얼은 성공해야 할 것이다!

'얼마나 많은 시간을 예산 짜기와 제품 리뷰 등 사전 조사에 투자했던가!'

우리가 선택한 작은 집 리뉴얼을 위한 셀프 인테리어는 바로 이런 것~!

★ 거실은 조금 다이나믹하게 포인트 컬러 한 가지를 사용하자. 나에게 공간의 조화를 일깨워준 컬러이지만 너무 하얗고 착하기만 하던 거실 → 연한 그레이 컬러로 포인트 페인팅을 결정! 생활 속 오염을 생각해서 벽면 하단에는 그레이 톤의 컬러로 칠하자. 아래는 연한 그레이, 위에는 하얀 벽. 2가지 컬러의 벽이 공존하는 거다. 거실 조명도 바꾸고, 나무 패널도 제거하자.

★ 현관 입구는 낡은 현관 바닥에 데코 타일로 리폼하고, 현관문과 신발장은 블랙

톤으로 컬러링하자. 지난 봄에 칠판 페인트로 칠한 현관문은 분필가루 때문에 희끗희끗 지저분해져서 변화가 필요하다. 페인팅 후에는 그래픽 스티커와 흰색 시트지로 포인트를 주자.

★ 침실은 한쪽 벽면만 연한 그레이와 블루 그레이로 변화를 주자. 시간이 흐르면서 벽면에 쌓인 딸아이의 낙서도 감추자! 포인트로 산 모양의 화이트 선을 그려 넣자. 연결되는 부분에 선반도 설치하자. 선반은 집에 있는 나무로 리폼하자.

★ 주방은 낡은 싱크대와 조명을 교체하고, 지저분해진 벽면과 가스레인지는 페인팅으로 보완하자.

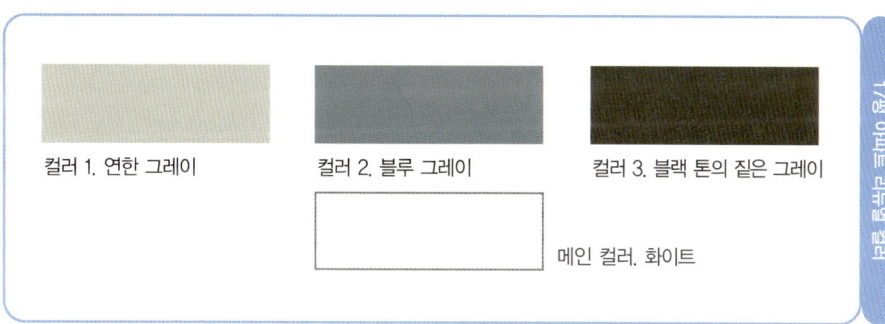

컬러 1. 연한 그레이   컬러 2. 블루 그레이   컬러 3. 블랙 톤의 짙은 그레이

메인 컬러. 화이트

집의 전체 느낌은 화이트 톤을 유지했다. 작은 집은 좁은 공간을 시각적으로 넓게 보이도록 만드는 게 중요하니까…. 다만 각 공간별로 포인트 컬러를 사용했다. 또 현관을 어두운 컬러로 스타일링하면 집 안쪽이 더 환하게 보이는 효과가 있다.

좁은 주방은 역시 자투리 공간을 잘 활용해야 한다. 가장 시급했던 오염된 부분은 페인팅으로 말끔히 보완했다. 그리고 낡은 싱크대와 조명은 새것으로 교체하고 보완하니 나름 새 집과 같은 효과가 생겼다.

침실은 우리 가족의 편안한 잠자리를 제공하는 공간인 만큼 알록달록하거나 강렬한 컬러 대신 안정된 톤으로 스타일링을 했다. 북유럽 인테리어에서 흔히 보이는 도형 컨셉을 차용해, 한쪽 벽면에는 산 모양으로 화이트 선을 그려 넣었다.

그렇게… 이 작은 집의 리뉴얼은 성공했고, 원하는 컬러로 옷을 갈아입었다!

고정관념 깨기

벽 전면에 화이트 단색 대신 벽 하부와 상부를 나눠
하부에는 연한 그레이로, 상부와 천장은 깨끗한 화이트로 칠해보자.
생활 속 오염을 방지하는 이점도 있지만,
아래가 짙은 색이면 오히려
좁은 공간이 넓게 보이는 효과가 있다.

after

공간 스타일링 구상 → 페인트 컬러 선택 → 사용량 계산 → 제품 구입 → 보양 작업 → 페인팅 → 마무리

before

그동안 벽을 많이 뚫었나 보다. 못 구멍도 많고, 무엇보다 딸아이의 손자국…
흰색 벽은 관리하기 참 힘들다. 때 탈 때마다 흰색 페인트를 칠하면서 유지시켰다.
하지만 핸디코트를 덧발라서인지 군데군데 오히려 얼룩이 더 진한 얼룩이 생겼다.

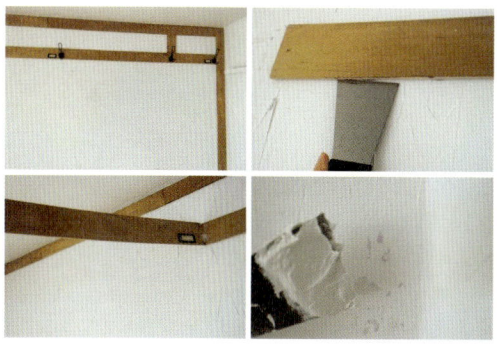

처음 셀프 인테리어를 시작할 때 아늑해 보이려고 나무 패널을 벽에 붙였는데…
이번에 새롭게 페인팅을 하면서 과감하게 떼기로 했다!
철 헤라로 패널과 벽 틈 사이를 툭툭 치고 손으로 떼어내니 패널이 쫘악~ 잘 떨어진다.

그래서 이번 거실 셀프 페인팅은 '벽면 분할 페인팅'을 선택했다!
거실 하부는 연한 그레이로, 상부와 천장은 흰색으로 칠해 연결한다.

▶ 준비물 : 흰색 페인트(삼화페인트 더클래시 아토프리 월페이퍼 화이트 컬러), 회색 페인트(삼화페인트 더클래시
  아토프리 월페이퍼 0001D), 핸디코트, 브러시 붓, 롤러, 헤라, 마스킹 테이프, 커버링 테이프, 트레이
▶ 소요시간 : 7시간(건조시간 포함)

벽면 부착물 제거 및 보양 작업　　**벽면 핸디코트 보완 작업**　　**도구 및 페인트 준비**

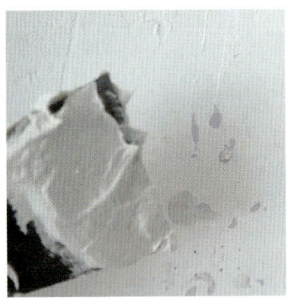

❶ 바닥에 비닐이 달린 커버링 테이프를 붙여 깔끔한 페인팅을 위한 보양 작업을 먼저 한다.

❷ 벽에 걸린 선반 등을 제거한 다음 기존에 칠한 바닥 색이 드러난 부위, 못 구멍 등 움푹 패인 부분들은 페인팅 전에 흰색 핸디코트로 메워 벽면을 평평하게 만든다.

❸ 페인트 사용 전에는 핸드믹서 또는 긴 막대로 바닥까지 골고루 페인트를 섞는다.

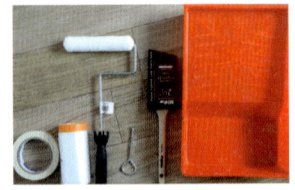

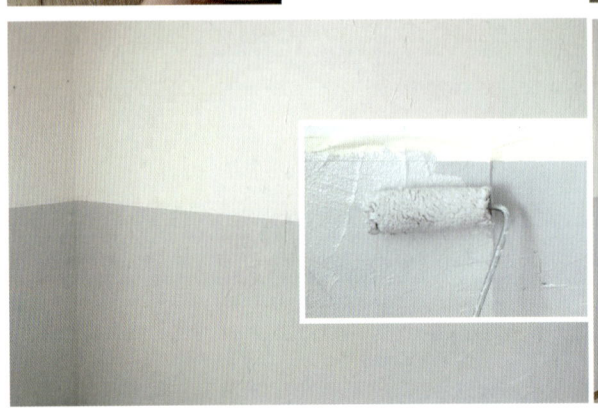

벽면을 나눌 때는 상단보다 하단 면적을 조금 더 넓게 책정한다. 따라서 벽면의 절반보다 조금 높은 위치에 마스킹 테이프로 경계선을 만든 다음, 하단 부분은 회색 컬러를 칠하고, 상단 부분은 흰색을 칠한다.

이렇게 상하부로 면적을 나눠 페인팅을 할 때는 상하단의 경계 지점을 시각적으로 조금 높게 잡아야 안정감이 생긴다. 또 하단에는 짙은 색으로, 상단에는 밝은 색으로 매칭하면 좁은 공간이 좀 더 넓게 보이는 효과가 있다.

부분 브러시 붓 페인팅	하단 전면 롤러 페인팅	상단 전면 롤러 레인팅
	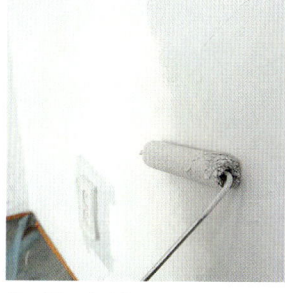	

❹ 오염을 방지해야 하는 모든 곳과 경계 부분 등 롤러로 칠하기 어려운 곳은 마스킹 테이프를 붙인 다음 브러시 붓으로 먼저 칠한다.

❺ 넓은 면적은 롤러를 이용해 W나 M자 모양으로 칠한다. 1회 페인팅 건조(약 30분) 후 발색력에 따라 1~2회 더 칠한다.

❻ 페인팅이 모두 끝나면 페인트가 완전히 마르기 전에 마스킹 테이프와 커버링 테이프를 떼어낸다. 2~3시간 정도 지난 후 얼룩 없이 완전히 마르면 완성이다.

• 셀프 페인팅의 장점 •

셀프 페인팅은……

1. 적은 예산으로 집 인테리어를 바꿀 수 있다.

2. 작업 과정이 쉽고 간단해 전문가의 도움 없이 초보자도 충분히 할 수 있다.

3. 벽지보다 다양한 컬러를 표현할 수 있고, 내가 생각한 대로 나만의 특별한 공간을 연출할 수 있다.

4. 여러 번 덧칠하거나 수정할 수 있어 작업 시 붓칠에 대한 부담이 적고, 계절에 따라 컬러 교체를 자유롭게 할 수 있다.

5. 작업 공간의 모든 짐을 다 치울 필요가 없어 거주하는 공간에서도 페인팅이 가능하다.

after

세월의 흔적

벽에 칠한 페인트도 나이를 먹는다. 시간이 지나면 늘 그렇듯 손때나 생활 얼룩으로 더러워지고, 결로와 곰팡이가 생기기도 한다. 그래서 벽면 페인팅은 관리가 필요하다. 그러나 천장은 관리의 영역에서 늘 예외다. 잊어버리게 된다.

천장은 집에서의 하늘이며, 조명은 태양과 달이다. 진짜 하늘과 태양은 날씨가 흐리다고 우리 마음대로 어떻게 할 수 없지만, 천장과 조명은 조금만 노력하면 손이 닿는다. 그럼에도 오랜 시간 동안 방치하게 된다.

세월의 흔적을 고스란히 느낄 수 있는 천장. 이제는 더 이상 방치하지 말자. 깨끗한 화이트로 리폼하리라~!

▶ 준비물 : 흰색 페인트(삼화페인트 더클래시 아토프리 월페이퍼 화이트 컬러), 브러시 붓, 스펀지 롤러, 마스킹 테이프, 커버링 테이프, 트레이, 비닐, 마스크, 커터칼, 드라이버, 조명
▶ 소요시간 : 4시간(건조시간 포함)

천장 조명 제거 → 천장 보수 → 보양 작업 → 페인팅 → 건조 → 조명 교체

before

도구 준비

❶ 페인트 도구는 세트 제품을 구매하는 것이 간편하면서도 경제적일 수 있다. 페인트 도구와 페인트를 준비한다.

천장 조명 제거

❷ 천장 조명을 제거한다.

천장 면 보완 작업

❸ 벽지가 너덜너덜한 부분은 커터칼로 깔끔하게 제거하고, 자투리 벽지나 흰색 핸디코트로 천장 면을 평평하게 보완한다.

보양 작업

❹ 비닐이 달린 커버링 테이프를 붙여 깔끔한 페인팅을 위해 보양 작업을 한다.

페인트 준비

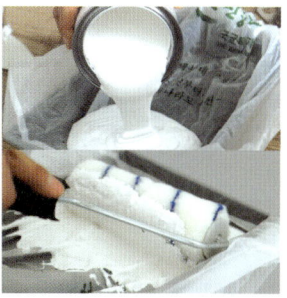

❺ 페인트는 조금씩 덜어서 사용한다. 트레이를 비닐 봉투로 씌운 후 페인트를 담으면 페인팅 후 비닐 봉투만 벗기면 된다.

천장 전면 및 부분 페인팅

❻ 천장은 W, M자를 그리면서 천천히 칠해야 한다. 천장을 칠할 때 너무 힘을 줘서 빠르게 칠하면 페인트가 튈 수 있다.
※ 스펀지 롤러는 가벼워 천장을 칠할 때 적당하다.

롤러가 닿지 않는 경계선 부분과 모서리 부분은 브러시 붓으로 칠한다. 1회 도포 후 3시간 정도 지난 후에 건조된 정도를 확인하고, 2회 도장한다.

❼ 얼룩 없이 완전히 마르면 완성이다. 완전히 건조된 것을 확인한 다음 준비한 조명을 부착한다.

self interior tip

페인트 한 통을 다 쓰지 않는다면 페인트 통 입구에 마스킹 테이프를 붙여서 사용한다. 이렇게 하면 페인트 통 입구가 깨끗해서 재사용 시 깔끔하다. 사용 후에는 마스킹 테이프만 떼어내고 밀봉한다.

▶ 준비물 : 거실 벽면과 같은 톤의 회색 페인트(삼화페인트 더클래시 아토프리 월페이퍼 0001D), 브러시 붓, 스펀지 롤러, 마스킹 테이프, 커버링 테이프, 트레이, 비닐, 마스크, 사포

▶ 소요시간 : 4시간(건조시간 포함)

보양 및 보완 작업

❶ 주변 보양 작업 후 매끈한 페인팅을 위해 몰딩 전체를 거친 사포로 다듬는다. 이렇게 사포로 밀면 몰딩 표면이 매끄러워진다.

롤러 페인팅

❷ 스펀지 롤러로 면적이 넓은 부분부터 페인트를 얇게 도포한다.

브러시 붓 페인팅

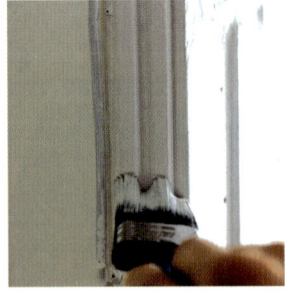

❸ 굴곡이 있는 부분과 롤러가 닿지 않는 경계선 부분과 모서리 부분은 브러시 붓으로 칠한다. 1회 도포 후 3시간 지나 건조된 것을 확인하고 2회 도장한다.

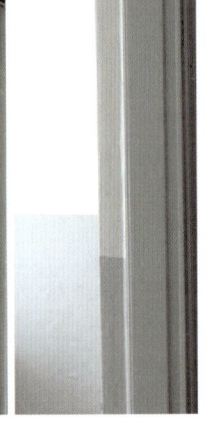

공간별로 같은 톤의 컬러를 선택할 경우에는 동일 제품을 구매하는 것이 좋다. 만일 페인팅을 하다가 양이 부족할 때 유용하기 때문이다.

몰딩 표면 사포질 → 보양 작업 → 페인팅 → 건조

after

공간의 역할

벽면 페인트 컬러를 선택할 때는 공간의 사용 용도를 먼저 생각해야 한다.
그런 다음 취향, 소품, 가구 등과 매칭이 되는 컬러를 선택하면 실패하지 않는다.

공간 스타일링 구상 → 페인트 컬러 선택 → 사용량 계산 → 제품 구입 → 보양 작업 → 페인팅 → 마무리

before

이전 침실은 화사하고 로맨틱한 분위기를 연출하려고 했었다.
지나고보니 검은색 침대 헤드와 부조화를 이루는 데다
딸아이의 벽면 낙서로 너무 지저분해졌다.

침실은 수면이 주목적인 공간이다. 그런데 너무 환한 노란색 벽면 컬러는 오히려
휴식을 취하는 데 방해가 되었다. 또 벽면 컬러에 맞춘 침구와 커튼 컬러 역시
침실의 용도면에서 잘 어울리지 않았다. 이번에는 잠만 자는 공간답게 잘 살려보기로 했다!

침실 벽면 컬러의 실패는 다시 하고 싶지 않아
동네 삼화페인트 가게의 조색표를 보면서 원하는 색을 선택하기로 했다.

조색표를 보고 컬러를 고르면 흰색 페인트를 기계에 넣고 컴퓨터로 조색 번호를
입력한다. 그러면 기계에서 '찍' 하고 입력한 번호의 컬러 페인트가 소량 나온다.
그런 다음 페인트 뚜껑을 닫고 기계에 넣으면 원하는 색의 페인트로 탄생!
신기한 방법으로 탄생한 페인트 컬러는 다소 어두운 그레이와 조금 밝은 블루 톤의 그레이다.

▶ 준비물 : 연한 회색 페인트(삼화페인트 0053C SH S 3010-R90B), 짙은 회색 페인트(삼화페인트 0014C SH
  S 5502-B), 흰색 페인트, 브러시 붓, 롤러, 헤라, 마스킹 테이프, 커버링 테이프, 트레이
▶ 소요시간 : 7시간(건조시간 포함)

 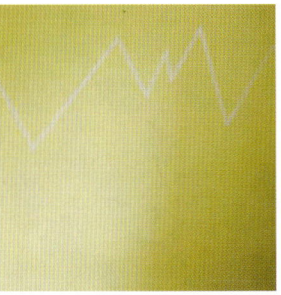 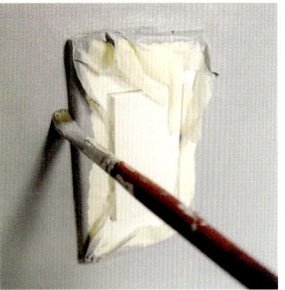

❶ 바닥에 커버링 테이프를 붙여 깔끔한 페인팅을 위한 보양 작업을 한다. 페인트는 사용 직전에 핸드믹서 또는 긴 막대로 바닥까지 골고루 섞는다.

❷ 벽면에 포인트 그림(산 모양)을 연필로 그린 다음 면 분할을 위해 마스킹 테이프를 붙이면서 경계를 구분한다.

❸ 스위치, 창문 틀, 천장 경계 등 페인트가 묻으면 안 되는 곳에 마스킹 테이프를 붙이고, 롤러로 칠하기 어려운 곳은 마스킹 테이프를 붙인 다음 브러시 붓으로 꼼꼼히 칠한다.

포인트 셀프 페인팅! 벽면 전체를 단색으로 칠하지 않고, 상하부 혹은 좌우로 면적을 나눠 2가지 이상의 색을 칠할 때 마스킹 테이프는 필수 도구다. 컬러의 경계를 구분 하면서 깔끔한 페인팅이 되기 때문이다. 이런 점을 살리면 다양한 모양으로 면 분할을 할 수 있다. 컬러 면을 나눌 때 중간에 2~3㎝ 간격을 띄워 마스킹 테이프를 양쪽에 붙이고, 테이프 사이 공간에 포인트 컬러를 칠하면 자연스런 문양이 연출된다.

| 하단 전면 롤러 페인팅 및 건조 | 상단 전면 롤러 페인팅 및 건조 | 벽면 포인트 페인팅 및 건조 |

❹ 짙은 색의 하단 면적부터 롤러로 칠한다. 1회 페인팅 건조(약 30분) 후 발색력에 따라 1~2회 더 칠한다.

❺ 하단 1회 칠한 다음 옅은 색의 상단 벽면을 칠한다. 1회 페인팅 건조(약 30분) 후 발색력에 따라 1~2회 더 칠한다.

❻ 전면 페인팅이 모두 끝나면 마스킹 테이프로 구분한 산 모양 부분(상단과 하단 사이)에 흰색 페인트를 2회 칠한다. 얼룩 없이 완전히 마르면 완성이다.

● 벽지 위 셀프 페인팅 ●

벽지를 떼어낼 필요가 없어 편리한 벽지 위 페인팅은……

1. 벽지 위에 바르는 전용 페인트와 롤러를 사용하면 한결 깔끔하게 표현된다.

2. 페인트를 바르기 전에는 언제나 바닥, 몰딩 부분, 스위치 커버, 콘센트 커버 등에 마스킹 테이프와 커버링 테이프로 꼼꼼히 붙여 보양 작업을 먼저 한다. 이때 각 진 부분과 경계 부분 등 롤러가 닿지 않는 부분은 마스킹 테이프를 붙인 다음 브러시 붓으로 촘촘히 칠하면 된다.

  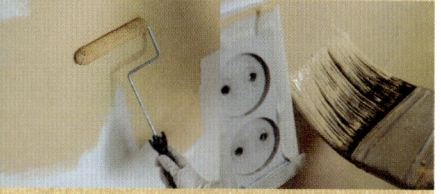

3. 페인트를 칠할 때는 옆으로 W자를 그리면서 얇고 고르게 바른다. 처음 1회 바를 때는 얇게 도포해야 하는데(롤러에 묻은 페인트 양을 조절), 이때 롤러 자국이 많이 보여도 괜찮다. 2회 바를 때 롤러 자국과 얼룩진 곳이 커버된다.

4. 특정한 문양 등의 면 분할 페인팅은 마스킹 테이프를 붙인 후 칠한다.

복합구조의 침실 + 서재 공간

수면 공간이라는 침실 원래의 용도에
서재의 기능을 겸해야 할 때가 있다.
이때는 개인 취향과 가구, 소품에 따라
컬러를 선택하는 것이 좋다.

메인 컬러 하나를 무채색 계열로 정하고
벽면 컬러를 다르게 사용해
공간 안에서 침실과 서재를 구분해도 좋다.

특히 침대 헤드가 없거나
매트리스만 사용하는 침실이라면
벽면에 스트라이프와 같이 심플한 패턴을 주고
포인트 컬러는 메인 컬러를 사용한다.

침실과 서재라는
다른 기능이 공존하는 한 공간에
벽면 컬러를 하나로 통일시키면
오히려 쉽게 싫증이 날 수 있다.

이럴 때는 차라리 복합구조를 드러내는
벽면 컬러를 사용하면
오랜 시간 사용해도 지루하지 않다.

다만 공통되는 메인 컬러 하나로 연결시켜야
복잡해 보이지 않고 감각적인
공간 연출이 된다.

복합구조의 공간에는
많은 가구와 소품을 놓을 수가 없다.
이럴 때는 벽면을 활용하거나
선반 인테리어가 도움이 된다.

용기라는 마법

생활 속 오염에 가장 노출되기 쉬운 곳이 바로 주방!
그런 만큼 자잘하게 손댈 곳이 많은 주방 리폼은 강력한 의지와 용기가 필요하다.

after

before

나름 열정적이었던 핸디코트 작업. 깔끔한 공간 연출에 무척 기뻐했던 기억이 새록새록 떠오른다. 이때만 해도 깔끔한 화이트의 내추럴 인테리어라는 생각에 자못 들떴는데, 지나고 나서 보니 흰색 벽이 감당이 안 되었다. 게다가 가스레인지가 있으니 기름 튀고 양념 튀고 사방이 얼룩덜룩한 데다 군데군데 곰팡이는 또 웬 말인가!

그 이후 곰팡이 때문에 너무 속상한 나머지 노란색 결로 방지 페인트로 꼼꼼히 구석구석 덧칠했다. 왜 그때는 '노란색'이 예뻐 보였을까? 곰팡이 퇴치용으로 선택했던 노란색 페인팅 후 나름 화사한 분위기에 도취되었던 것 같다.

주방과 베란다 풍경이 확 살아났다고 착각하며 또 그렇게 살았다. 곰팡이 제거 효과는 최고였지만 그때의 환한 영광이…, 지금은 사라졌다. 그래서 덧칠하기 쉬운 페인팅으로 다시 주방 벽면을 새롭게 리폼하고, 틈틈이 보수하기로 했다!

▶ 준비물 : 흰색 페인트(삼화페인트 더클래시 아토프리 월페이퍼 화이트 컬러), 벽면용 회색 페인트(삼화페인트 0014C SH S 5502-B), 가스레인지 리폼용 페인트(던에드워드 에베레스트 DE6385 BLACK BEAN), 선반 리폼용 블랙 페인트(삼화페인트 블랙 반광), 브러시 붓, 롤러, 마스킹 테이프, 커버링 테이프, 트레이, 걸레, 사포, 스펀지, 바니시
▶ 소요시간 : 12시간(건조시간 포함)

주방 베란다 벽면 페인팅 → 자바라 페인팅 → 선반과 가스레인지 페인팅 → 마무리 및 건조

흰색 페인트로 노란색 벽을 가리기 위해 총 3회 칠해야 한다.
젯소를 사용하지 못할 경우 흰색 페인트만 3회 칠하고, 회색 페인트는 2회 칠한다.

| 벽면 분할 및 페인팅 준비 | 상단 흰색 페인팅 | 하단 회색 페인팅 |

❶ 벽면 분할 페인팅을 하기 위해 경계선에 커버링 테이프를 붙인다. 먼저 흰색 페인트를 롤러에 묻혀 윗면부터 칠한다.

❷ 롤러를 굴리듯이 얇게 바른다. 흰색으로 3회 칠하거나 노란색을 없애기 위해 젯소를 1회 칠한 후 흰색 페인트를 2회 칠해도 된다.

❸ 경계선 밑에 회색 페인트를 2회 칠한다. 1회 페인팅 건조(약 30분) 후 발색력에 따라 1~2회 더 칠한다.

self
interior
tip

흰색 페인팅 시 천장, 창문 틀 등에도 컬러를 맞춰 칠한다. 롤러가 닿지 않고 세밀하게 칠해야 하는 부분은 브러시 붓으로 칠한다. 천장과 높이가 높은 곳을 칠할 때는 무게가 가벼운 스펀지 롤러를 사용하면 한결 편하다.

자바라 페인팅

요리하는 내가 너무 추울까봐 남편이 설치해 준 자바라 도어.
조리 공간과 창고를 분리하는 도어이기도 하다. 지저분해진 자바라 도어에
젯소를 2회 도포하고, 흰색 페인트 1회를 다음 날 아침에 칠한다.

먼지와 오염물 제거 / **젯소 도포** / **흰색 페인팅 및 건조**

❶ 자바라의 겉 표면을 물걸레로 깨끗이 닦는다.

❷ 브러시 붓을 사용해 자바라의 모든 면적에 젯소를 2회 칠한다.

❸ 젯소가 완전히 마르면 흰색 페인트를 2회 칠한다.

리폼 페인팅

꼬질꼬질해진 선반은 반광 블랙 페인트로 총 2회 도포하고,
오래된 가스레인지에는 젯소와 블랙 페인트를 각각 2회씩 칠한다.

먼지와 오염물 제거 및 사포질 / **블랙 페인팅** / **건조 및 설치**

❶ 기름때와 먼지로 얼룩진 선반의 겉 표면을 물걸레로 깨끗이 닦는다. 나무 표면이 너무 지저분하거나 울퉁불퉁한 부분은 사포로 밀어준다.

❷ 브러시 붓으로 2회 칠한다. 1회 페인팅 건조(약 30분) 후 발색력에 따라 1~2회 더 칠한다.

❸ 완전히 건조되면 벽에 부착하고 마무리한다.

오염물 제거 및 젯소 도포 / **젯소 건조 및 페인팅** / **바니시 도포 및 건조**

❶ 겉 표면을 물걸레로 닦은 다음 브러시 붓으로 젯소를 1회 칠한다.

❷ 젯소가 완전히 마르면 페인트를 2회 칠한다.

❸ 스펀지에 바니시를 묻혀 가스레인지 표면에 도장한 후 마무리한다.

▶ 준비물 : 타일, 타일 접착제, 가루형 타일 줄눈제, 대야, 물, 톱니형 고무 헤라, 자, 가위, 스펀지, 바니시, 작은 평붓, 물티슈, 마스킹 테이프, 커버링 테이프

▶ 소요시간 : 40분(건조시간 하루)

타일 재단 → 시트지 및 벽지 제거 → 타일 부착 → 타일 줄눈 작업 → 타일 위 줄눈제 제거 → 바니시 마무리

 작업할 싱크대 위 벽면은 1840㎜×400㎜ 크기로 모자이크 타일이 9장 필요하다.

타일 재단

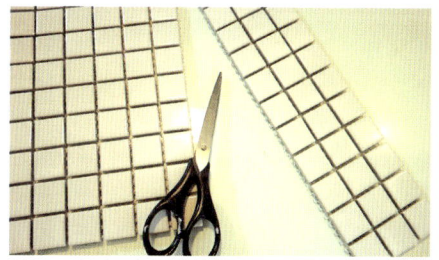

❶ 시공할 벽면의 크기에 맞춰 가위로 타일을 자른다.

시트지 및 벽지 제거

❷ 시공할 벽 표면에 부착된 시트지나 벽지를 제거한다. 주변에 커버링 테이프를 붙이고, 타일 접착제 바를 준비를 한다.

타일 접착제 도포

❸ 톱니 모양의 고무 헤라로 타일 접착제를 얇게 바른다.

타일 부착

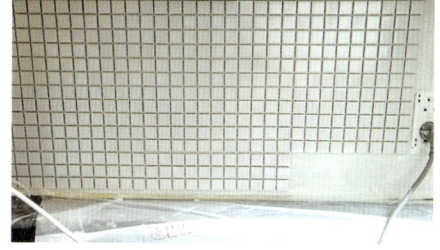

❹ 한쪽 방향으로 일정한 간격을 맞추면서 타일을 붙인다.

※ 시트지를 벗겨내지 않고 타일을 부착하면 시공 후 무게 때문에 앞으로 쏠릴 수가 있다. 따라서 맨 벽에 타일을 시공해야 한다. 또한 타일 시공 후 하루 정도 굳혀주는 것이 좋다. 작은 면적은 2시간 정도 지나서 줄눈 작업을 시작하면 된다.

❺ 대야에 가루형 타일 줄눈제와 물을 담고 골고루 섞는다. 이때 물을 조금씩 넣으면서 치약 농도로 반죽한다. 반죽한 줄눈제를 한 주먹씩 타일 전체에 올린 다음 타일 사이를 메워주듯이 펴 바른다.

타일 위 줄눈제 제거   **바니시 및 마무리**

❻ 20~30분 정도 지난 후 타일이 적당히 굳으면 스펀지에 물을 묻혀 타일 위의 줄눈제를 닦는다.

❼ 하루 정도 지나 타일 사이의 줄눈제 위에 작은 평붓으로 바니시를 발라 도장한다. 이때 타일 위에 줄눈제와 바니시가 묻었다면 물티슈로 꼼꼼히 닦아 마무리한다.

51,000원의 모자이크 타일로 싱크대 위 벽면이 깔끔해졌다.
싱크대 벽면은 지저분해지기 쉬우므로 페인팅보다는 타일 시공이 훨씬 깨끗하게
오래 사용할 수 있어 좋다. 오염물이 벽면에 튀면 행주로 닦기만 하면 되니까~!
또 작업 전에는 반드시 시트지를 벗겨내야 한다는 것도 이번 기회를 통해 알게 되었다.

▶ 준비물 : 싱크대 상판 리폼용 시트지(대리석 필름 시트지 3m), 손잡이 리폼용 페인트(아트랩 스프레이 블랙), 가위, 자, 볼펜, 커터칼, 스펀지, 마른 걸레, 드릴, 트레이, 롤러

▶ 소요시간 : 시트지 리폼 30분, 손잡이 도색 40분(건조시간 3시간)

시트지 재단 → 오염물 제거 → 시트지 부착 → 손잡이 철거 → 손잡이 도색 → 건조 → 손잡이 부착

싱크대 리폼 시트지를 재단할 때는 작업할 싱크대 상판의 사이즈를 정확히 측정한 후 0.2mm 정도 여유를 두고 잘라야 한다.

시공 면적 측정 및 시트지 재단

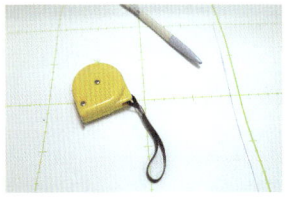

❶ 시공할 부분의 크기를 정확히 측정한 다음 0.2mm 정도 여유를 두고 재단한다.

싱크대 벽면 안쪽부터 시트지 부착

❷ 먼저 시공 부분은 깨끗하게 닦는다. 시트지 뒷면을 조금만 떼 싱크대 벽면 안쪽 상판에 붙여 고정시킨다. 필름 이면지를 조금씩 떼어내면서 천천히 붙이고, 마른 걸레로 필름지를 밀면서 부착시킨다.

하부장 문 열고 시트지 마감

❸ 마른 걸레로 부드럽게 쓱쓱 닦으면서 붙이고, 하부장 문을 열어 싱크대 상판을 시트지로 감싸면서 천천히 붙인다.

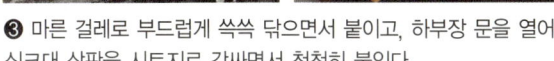

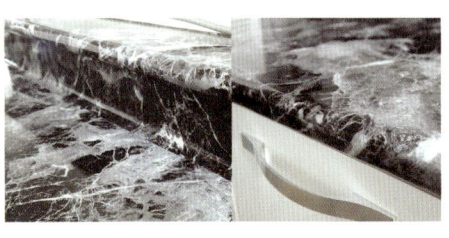

부분 시공

❹ 수전 부분, 꺾이는 부분에는 커터칼로 세밀하게 잘라 촘촘히 붙인다.

손잡이 리폼

싱크대 손잡이는 스프레이 타입의 페인트로 도색하면 편하다.
스프레이로 도색한 후 같은 톤의 페인트로 1~2회 더 도장해도 좋다.

| 손잡이 철거 | 스프레이 및 페인팅 도색 | 건조 및 손잡이 부착 |

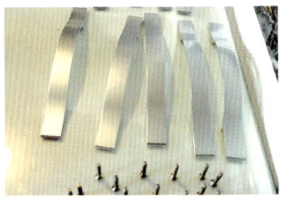

❶ 드릴을 사용하여 싱크대 손잡이를 뗀다. 손잡이에 묻은 오염물을 깨끗하게 닦는다.

❷ 바닥에 비닐이나 신문지를 깔고 손잡이를 펼친 후 스프레이를 뿌려 색을 입힌다.

❸ 건조 후 손잡이를 다시 원래 위치에 부착시킨다.

집안 분위기를 바꾸는 방법에는 여러 가지가 있다. 침실은 벽면 페인팅과 가구 위치 변경으로 분위기를 바꿔줄 수 있고, 거실은 가구 위치를 바꾸거나 패브릭 등의 소품과 초록 식물로 이전과는 다른 분위기를 연출할 수 있다.

그러나 오염이 상대적으로 많이 생기는 싱크대 주변, 가스레인지와 전기레인지 주변…, 하루하루 생기는 음식물 쓰레기 배출 등 주방은 인테리어는 고사하고 늘 오염물과의 전쟁이다.

그러기에 주방 인테리어에서 가장 중요한 것은 쌓여가는 오염을 틈틈히 관리하는 것이다. 그 다음 포인트 한 가지로 하나씩 변화를 주는 것에 대해 생각해 보자.

특히 작은 집은 좁은 주방 공간의 단점을 보완하는 것을 생각해야 할 것이다. 그래서 더욱 청결과 정리정돈이 중요하며, 컨셉을 부여하는 공간 인테리어가 필요하다. 소품 하나를 놓더라도 주방 전체의 스타일링을 고려해서 선택하자. 공간 컨셉과 스타일링에 따라 부분 부분, 소품 하나하나 등 한 번에 뭔가를 다 바꾸지 않아도 하나씩 채워나가면 된다.

분위기 변화에 가장 영향을 주는 것이 벽면 컬러와 조명이다. 작은 공간의 주방에는 요란한 디자인의 조명 대신 간결한 디자인, 밝기, 전기 사용량을 고려해 선택하자.

조명 교체

오랫동안 주방을 밝혀준 낡은 조명, 그동안 망설였던 주방 조명. 의외로 쉽게 조명을 교체할 수 있고, 바꾸고 나면 주방 분위기가 확 달라지는 것을 경험하게 된다. 조명을 교체하기 전에는 반드시 누전차단기를 'OFF' 상태로!

▶ 준비물 : 교체할 조명, 전구, 드릴   ▶ 소요시간 : 30분

전구와 전등 탈착 → 전등 브라켓 탈착 → 새 전등 브라켓 부착 → 전선 연결 및 정리 → 새 전등 및 조명 부착

전구와 전등 탈착

  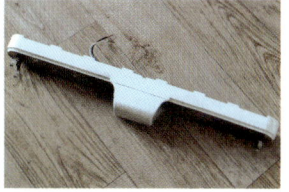

❶ 전구를 먼저 뺀다. 그런 다음 전등에 있는 고정된 피스를 드릴로 풀어 전등을 떼어낸다. 이때 전선연결단자와 전등에 연결된 전선을 잡아 뺀 다음 떼어낸다.

전등 브라켓 탈착

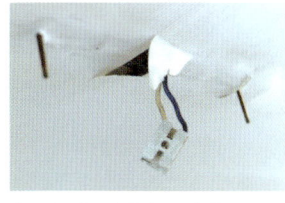 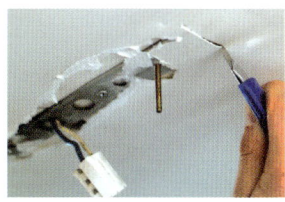 

❷ 전등을 떼내면 브라켓(벽면이나 천장 등에 고정시키는 부속품)이 도배지로 덮여 있다. 커터칼로 도배지를 도려내고, 브라켓을 고정하는 피스를 풀어 브라켓을 떼어낸다.

새 전등의 브라켓과 피스 분리   새 전등 브라켓 부착   전선 연결 및 정리

 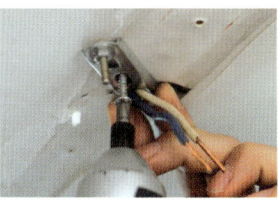 

❸ 새로 준비한 전등 안쪽에 브라켓이 있는데, 고정된 피스를 풀어 분리한다.

❹ 분리한 새 브라켓을 천장에 두고 드릴로 피스를 고정시켜 부착시킨다. 이때 천장에 있는 전선을 브라켓 가운데 구멍으로 통과시켜 빼낸다.

❺ 빼낸 전선과 새 조명의 덮개에 있는 전선을 단단하게 꽈배기처럼 꼬으면서 연결시킨다. 그런 다음 전선들을 덮개 안에 집어넣는다.

❻ 전선 정리를 끝낸 후 덮개를 브라켓에 부착하는데, 양쪽 고정 나사를 손으로 조이면서 덮개를
천장에 고정시킨다.

조명 부착

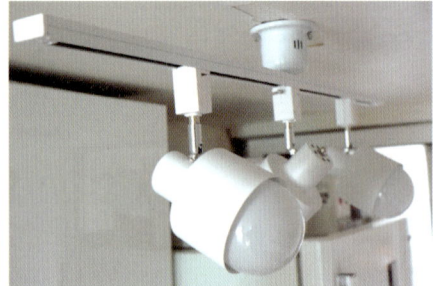

❼ 조명갓을 레일에 하나씩 부착시키고 전구를 끼워넣는다.

레일 조명은 달기 어렵다는 이야기가 많다.
레일의 끝 부분까지 전선을 설치해야 하는 레일 조명 대신
내가 선택한 레일 조명은 전선 연결이 간단해 설치하기 쉬웠다.

레일 조명의 장점은
원하는 대로 조명의 각도를 바꿔서 비출 수 있다는 점이다.

레일 조명의 주광색 빛은
오염되기 쉬운 주방을 따뜻한 느낌의 홈 카페처럼 느끼게 한다.

첫인상

현관은 집의 시작이다. 그만큼 중요한 공간이며, 오염에 노출되기 쉬운 공간이기도 하다.
그렇다면 작은 집의 좁은 현관을 어떻게 바꿀 수 있을까?
현관이 좁을수록 깔끔한 이미지가 중요하며, 시선을 집 내부로 쏠리게 하는 스타일링이 필요하다.

after

before

오래된 집임을 늘 인지하게 만드는 출입구 현관문.

좁디좁은 현관 입구는 신발 몇 컬레만 놓아도 답답하고 어지럽다.

게다가 겨우 하나 있는 낡은 신발장은 뭘 해도 마음에 들지 않았다.

공간 인테리어 개념이 생기면서 밝은 컬러보다는 출입구가 어두우면 오히려 실내가

더 환하게 보인다는 것을 깨닫게 되었다. 마치 동굴에서 바라본 빛나는 세상처럼….

헌 집을 새 집처럼 바꾸겠다고 시작한 작은 집 리뉴얼…, 어쩌면 이번 리뉴얼에서

출입구 리뉴얼이 가장 중요한 포인트가 될 수도 있을 것 같다!

현관문
리폼

현관문은 낡아도 다른 곳에 비해 신경을 덜 쓰게 된다. 아예 문을 교체해야 한다는
생각 때문에 쉽게 변화를 시도하지 못한다. 비용이 적게 드는 시크한 블랙 느낌의
페인트로 깔끔하게 바꿔보자. 작은 집에서는 느낄 수 없는 멋진 아늑함이 있다.

▶ 준비물 : 블랙 페인트(던에드워드 에베레스트 DE6385 BLACK BEAN), 젯소, 브러시 붓, 롤러, 사포, 마스킹
테이프, 커버링 테이프, 트레이, 그래픽 스티커
▶ 소요시간 : 1시간 30분(건조시간 제외)

현관문 오염물 제거 → 보양 작업 → 젯소 도색 → 블랙 페인팅 → 건조 → 후가공 → 마무리

시트지 및 오염물 제거

❶ 문에 부착된 시트지, 스티커 등 오염물을 깨끗하게 제거한다.

보양 작업

❷ 현관문 바닥과 문 손잡이 등 주변에 페인트가 묻지 않도록 커버링 테이프를 붙인다.

젯소 도색

❸ 트레이에 적당량의 젯소를 덜어낸다. 롤러에 젯소를 묻혀 현관문에 1회 칠한다. 이때 생긴 붓칠 자국은 사포질로 없앤다.

블랙 페인팅 및 건조

❹ 젯소가 마르면 롤러로 블랙 페인트를 굴리듯이 얇게 2회 칠한다. 1회 페인팅 건조(약 30분) 후 1회 더 도색한다.

그래픽 스티커 준비

❺ 그래픽 스티커를 DIY 쇼핑몰에서 구입해 준비한다.

그래픽 스티커 작업

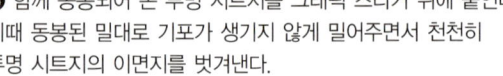

❻ 함께 동봉되어 온 투명 시트지를 그래픽 스티커 위에 붙인다. 이때 동봉된 밀대로 기포가 생기지 않게 밀어주면서 천천히 투명 시트지의 이면지를 벗겨낸다.

그래픽 스티커 부착

❼ 검은색 밑지를 천천히 뜯어낸다. 문의 붙일 부분에 위치를 잡고 밀대로 밀면서 꼼꼼히 붙인다. 그런 다음 투명 시트지를 천천히 벗기면 문에 그래픽이 부착된다.

좁은 공간일수록 원 포인트 원 컬러가 효과적이다. 현관문의 페인트가 마르는 동안 동일한 색상으로 신발장을 칠해보자. 현관 입구가 확 달라질 것이다.

▶ 준비물 : 블랙 페인트(던에드워드 에베레스트 DE6385 BLACK BEAN), 젯소, 브러시 붓, 롤러, 사포, 마스킹 테이프, 커버링 테이프, 트레이
▶ 소요시간 : 30분(건조시간 제외)

오염물 제거 및 보양 작업	젯소 도색 및 블랙 페인팅

❶ 신발장 표면을 깨끗하게 닦고, 바닥과 경계 부분 등 주변에 페인트가 묻지 않도록 커버링 테이프를 붙인다.	❷ 신발장 원래의 색이 드러나지 않게 젯소를 2회 얇게 펴 바른다. 젯소가 마르면 얇고 고르게 블랙 페인트를 2회 칠한다.

리폼 페인팅 시 기존 색이 올라오지 않으면서 새롭게 칠하는 색의
발색력을 높이기 위해서 젯소를 칠한다.
젯소는 기본 1회이지만 밑색에 따라 2회 도색해도 된다. 완전히 건조된 후
덧칠 작업을 하고 넓은 면적은 롤러로, 부분 면적에는 브러시 붓을
사용하자. 또 붓질 자국이 생겼을 때에는 사포로 매끄럽게 표면을 다듬으면 된다.
이렇듯 젯소는 프라이머 역할을 한다.
그러나 필요한 경우에만 사용하는 것이 좋다. 미끌미끌한 시트지, 목재나 철제 문,
몰딩, 싱크대, 가구 등에 페인팅을 할 경우 접착력과 발색력을 좋게 하기 위해
젯소를 사용한다. 특히 벽지 위에는 바를 필요가 없지만
벽지 위 낙서가 심하거나 바탕색이 진한 경우에도 젯소를 사용하면 좋다.

바닥 리폼

닦아도 닦아도 깨끗하지 않고, 우중충한 현관 바닥 타일. 그대로 방치하지 말고 손쉽게 리폼할 수 있는 데코 타일로 현관 바닥을 바꾸자!

▶ 준비물 : 데코 타일, 빗자루, 걸레, 자, 커터칼   ▶ 소요시간 : 20분

현관 바닥 청소

데코 타일 면적 체크

❶ 현관 바닥을 깨끗하게 청소하고, 오염물도 제거한다.

❷ 붙이기 전에 먼저 현관 바닥에 데코 타일을 올려 놓고 어떻게 붙일지 구상한다. 데코 타일을 잘라야 하는 부분은 크기를 측정해 커터칼로 잘라 준비한다.

데코 타일 부착

❸ 데코 타일 시트지의 이면지를 조금만 뗀 다음 한 장씩 한 장씩 붙이는데, 손바닥으로 꾹꾹 눌러가며 붙인다.

현관 바닥 턱 페인팅 및 마무리

❹ 현관 바닥에 턱이 있다면 현관문과 동일한 컬러나 데코 타일 색과 비슷한 컬러로 페인팅을 해 통일감을 준다. 작업 전에 마스킹 테이프로 보양 작업을 하고, 젯소 1회→페인트 2회 칠한 다음 완전히 건조시키고 마무리한다.

• 셀프 페인팅 인테리어의 요령 •

셀프 인테리어에서 가장 중요한 부분은…
컨셉도 아니요 스타일도 아니다. 적은 비용으로 최고의 효과를 얻는 것이다. 셀프 인테리어를 할 때에는 늘 가성비를 따져보고 실행해야 결과에 만족할 수 있다. 그런 면에서 비용 대비 만족스런 효과를 얻기에는 셀프 페인팅이 최고다.

처음으로 셀프 페인팅에 도전하는 사람들에게…
첫 작업으로 벽면 페인팅을 많이 선택한다. 하지만 처음부터 공간 전체 면을 페인팅하면, 지치고 힘들어 금방 포기하게 된다. 이럴 때에는 다음의 내용을 상기하자!

첫째, 변화를 주고 싶은 공간의 컨셉을 정하고, 기존 가구와의 조화를 고려해 컬러를 선택한다. 가구를 통째로 바꾸지 않는 한 가구의 컬러는 중요하다. 어울리지도 않게 무조건 유행하는 컬러, 화사하고 화려한 컬러만을 선택하면 실패할 확률이 매우 높다. 금세 싫증나기 때문이다.

둘째, 공간의 모든 벽면을 다 바꾸려고 하는 것 또한 위험하다. 공간에서 제일 포인트가 될 만한 벽면만 먼저 작업해 보자. 작업시간과 비용이 많이 들지 않아 결과에 대한 만족도가 높다. 처음부터 무리하게 벌인 작업은 미처 끝내지도 못하고 지치게 할 수 있다.

셋째, 첫 벽면 페인팅을 시도한다면 너무 짙은 컬러보다는 연한 컬러를 선택하자. 다음에 또 변화를 주고 싶을 때 '젯소' 작업이라는 프라이머 과정 한 가지가 더 추가되기 때문이다. 페인팅에 익숙하기도 전에 작업 과정이 길어지면 역시 지치게 된다. 셀프 인테리어의 묘미는 재미이므로 즐겁게 하자!

넷째, 지금 작업하는 페인팅이 결코 마지막이라고 생각하면 안 된다. 셀프 인테리어에 마지막이란 없다. 언제나 'ing' 현재 진행형이다. 계절에 따라, 기분에 따라, 가구의 변화에 따라, 가족 구성원의 변화에 따라, 어떤 변수가 따를지 단언할 수 없다. 그렇기 때문에 더욱 컬러 선택에 신중해야 한다.

다섯째, 시공 전에는 자료를 많이 찾아보자. 많이 볼수록, 간접 경험도 많이 할수록 자신감과 용기가 생긴다. 무엇보다 안목이 생긴다. 내가 원하는 컨셉을 정하는 데 많은 도움이 될 것이다.

단언하지만, 셀프 페인팅 인테리어는 절대 어렵지 않다는 사실!

September

저투리나무

9

September / DIY

　리폼을 즐겨 하는 사람들을 흔히 '리포머'라고 부른다. 이젠 나도 그 리포머들 중 한 사람이다. 리포머, 아니 내가 가장 좋아하는 DIY 재료는 무엇일까? 물론 리포머들은 재활용품을 좋아하지만 '자투리 나무'를 가장 좋아한다.

　자투리 나무는 리포머에게 있어 요술 방망이와도 같은 만능 재료다. 뚝딱뚝딱, 쓱쓱싹싹…, 내 손만 거치면 내가 원하는 모습으로 참 맛깔나게 재탄생하기 때문이다. 볼품없는 자투리 나무가 손맛 나는 완성품이 되기까지는 사실 꽤나 까다로운 공정이 필요하다. 게다가 자투리 나무는 은근히 구하기도 힘든… 희귀한 재료다!

　하루는 재활용장을 기웃거리기도 하고, 또 하루는 동네 공방에 들러 "저기 혹시…, 남은 자투리 나무 있나요?"라며 쑥스럽게 말을 건네기도 한다.

　이제는 이런 내 모습이 낯설지가 않다. 하나씩 하나씩 이것저것 만들고 바꾸다 보니 셀프 인테리어는 어느새 나의 소중한 취미가 되었기 때문이다.

　자투리 나무의 새로운 탄생을 위해서는 영감과 상상력이 필요하다. 그래서 난 틈만 나면 이것저것 찾아보며 '아~, 저건 어떻게 만들었을까?' 하며 머리를 굴려본다.

"지금 뭐해~?", "……."

내가 아무런 말없이 뭔가를 응시하고 있을 때, 그 순간마다 남편이 말을 건다. 그리고 대답하지 않는 날 호통치듯 큰 소리로 다시 부른다.

"지금 뭐하냐고!"

생각하는 일상으로 많이 훈련된 지금의 나. 자투리 나무만 보면 바로바로 아이디어가 떠오른다. 그러면서 뭔가를 머리로 만들고 있다. 또 집 어딘가에 활용하면 되겠다며 무척 반기면서 말이다. 카피캣 DIY 초보자에서 참 많이도 발전한 것 같다.

톱질 못질 등 익숙하지 않은 공구 울렁증을 이겨낸 용기, 무턱대고 만든 소품들에게서 느낀 기쁨, 페인팅으로 달련된 인내심, 집 리뉴얼로 얻게 된 추진력…. 이런 과정들을 거치면서 소소한 부분부터 마인드 컨트롤까지 많은 걸 배우게 된다. 하나하나 배우고 터득한 경험담, 순간의 어려움을 이겨낸 이야기들…. 셀프 인테리어는 그렇게 내 삶에 활력이 되는 이야기를 만들게 한다.

자투리 나무. 완성의 형체가 아닌 이 자투리 나무를 보면 왠지 맨 처음 셀프 인테리어를 시작했던 초보자…, 그때 내 모습이 연상된다.

'가을이 오긴 왔구나!'

자작나무, 삼나무, 편백나무…. 나무는 종류도 크기도 제각각이다. 아무리 자투리 나무라고 해도 나무는 참 좋다. 따뜻한 느낌이라서 좋고, 나무 특유의 향이 나서 좋다. 돈 주고 구입하지 않아도 되니 더 좋다. 이 좋은 재료가 내 손에 있더라도 다루는 기술이 부족하면 좋은 결과를 얻기 어렵다. 이 또한 시행착오가 필요하리라~!

자작나무 자투리 나무에 흰색 모자이크 타일을 붙여 다용도 트레이를 만들까? 상상한 그림대로 트레이 바닥면, 옆면의 크기를 재고, 톱으로 자르고, 사포로 다듬고, 페인트를 칠하면……? 그냥 별 볼일 없는 자투리 나무가 우리 집에 유용하게 사용될 타일 트레이로 변신할 것이다! 그리고…,

나는 이 가을에 나무 냄새 가득한 자투리 나무로 또 다른 이야기를 만들겠지?

자투리 나무 № 1 쓰임새

자투리 나무는 형체가 없다.

어떤 용도로 무엇을 만들 것인지 먼저 생각해야 한다.

'무無'에서 '유有'로, 생명을 불어넣는 재미.

그래서 자투리 나무 DIY는 남다른 뿌듯함이 있다.

아이템 구상 → 나무 재단 → 사포 → 트레이 조립 → 타일 부착 → 젯소 도포 → 후가공 → 바니시 도장

▶ 준비물 : 자투리 나무(바닥판 1개, 옆판 4개), 화이트 사각 모자이크 타일 1장, 사포, 무두못, 망치, 접착제, 톱니 모양 헤라, 마스킹 테이프, 줄눈제, 스펀지, 물티슈, 젯소, 물감(애플컨추리 빈티지 머스터드) 또는 페인트, 바니시, 브러시 붓, 얇은 붓, 전사지, 톱, 장갑

▶ 소요시간 : 50분(건조시간 1일)

자작나무 합판 1장을 발견! 무엇을 만들까?

혼자만의 티타임을 즐기고 싶을 때, 멋스런 1인용 식사 트레이로, 거실 한 켠에 두고 이런저런 수납을 할 수도 있게 쓰임새 많은 다용도 트레이는 어떨까?

리폼에 입문한 사람이라면 누구나 한 번쯤 시도하는 타일 트레이!

타일 1장을 자작나무 합판 위에 올려보고, 연필로 쓱쓱 트레이 사각 모양으로 밑판을 그리자. 그리고 톱으로 자르자. 자작나무의 결 때문에 톱으로 자르기가 조금 힘이 들었다.

이제, 트레이 옆면에 사용할 나무를 자르자. 밑판 가로가 34.5cm에 세로가 24cm 크기니까···, 높이만 내가 결정하면 되겠다. 높이는 6cm 정도가 적당하겠지? 그래, 34.5cm×6cm 크기 2개와 24cm×6cm 크기 2개로 자르자!

1. 원하는 모양의 크기로 나무를 재단한 다음, 사포로 거친 면을 매끄럽게 다듬는다.

2. 밑판과 양옆 테두리 4개를 트레이 모양으로 하나씩 목공용 접착제를 발라 고정시킨다. 그런 다음 망치로 무두못을 탕탕 박는다. 가로 면에는 4개씩, 세로 면에는 3개씩 박는다.

3. 트레이 조립이 완성되면 트레이 밑판 위에 타일용 접착제를 얇게 펴 바르고, 타일을 붙인다.

※ 톱니 모양의 뿔 헤라를 이용해 외장 타일용 접착제를 쓱쓱 얇게 바른다. 타일을 일정 간격으로 올리고 꾹꾹 눌러가며 고정시킨다.

4. 줄눈제를 바르기 전, 트레이 안쪽 테두리에 줄눈제가 묻지 않게 마스킹 테이프를 붙인다.

5. 줄눈제를 타일 위에 적당량 덜어 타일의 줄을 따라 사이사이에 골고루 펴 바른다.

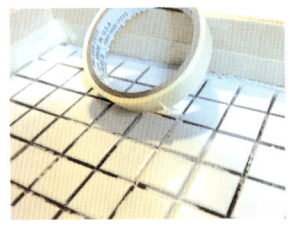  

※ 먼저 비닐장갑을 끼고 줄눈제를 한줌 덜어 타일 위에 올린 후
   타일 사이사이를 메우듯이 쓱쓱 펴 바른다.

6. 3분 정도 지나 스펀지에 물티슈를 감아 타일 위에 묻은 줄눈제를 닦아낸다.

※ 이때 타일 표면에 묻은 줄눈제만 스펀지로 살살 지우듯이 닦아야 한다.
   아직 줄눈제가 굳지 않았기 때문에 타일 사이사이에 발랐던 줄눈제가 벗겨질 수 있다.

7. 하루 동안 충분히 말리고, 그 다음날 젯소를 2회 칠한 후 원하는 컬러의 물감이나
   페인트를 발색력에 따라 얇게 2~3회 도색한다.

  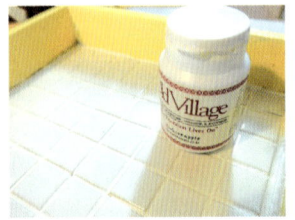

※ 트레이에 포인트 장식을 하고 싶다면 그래픽 전사지를 이용하자.
   전사지를 올린 다음, 깨끗한 천을 올리고 다리미로 꾹 누른다. 전사지의 남은 열기가
   식을 때까지 기다린다. 그런 다음 비닐을 천천히 벗겨내고, 피스로 원목 손잡이도 달자.

8. 방수 작업을 위해 타일 사이의 줄눈제 위에 얇은 붓(세필 붓 1호)으로
   바니시를 2회 바르고, 페인트칠을 한 트레이 전체에도 바르고 건조시킨다.

자투리 나무 № 2 가치

보잘 것 없는 나무 조각을 사포로 다듬고, 색칠하고, 고리를 달면
무엇을 걸어도 멋스럽게 보이는 훅걸이로 변신한다.
그냥 기다란 서랍 안에 자투리 나무 하나를 덧대면 수납력을 높이는 칸막이가 된다.
그렇게…, 자투리 나무는 DIY의 가치를 높이는 매개물이다.

나무 재단 → 스테인 도색 → 건조 → 컬러 도색 → 바니시 도장 → 스크래치 → 미니 훅 부착 → 액자고리 부착

▶ 준비물 : 자투리 나무, 스테인(본덱스 오일 스테인 도토리색), 물감(애플컨츄리 빈티지 하와이안 블루) 또는
　　　　 페인트, 바니시, 사포, 피스, 액자고리, 미니 훅, 드릴, 스펀지, 브러시 붓, 톱, 커터칼, 자
▶ 소요시간 : 40분(건조시간 5시간)

자투리 나무 하나만 있으면 훅걸이로 변신! 이왕이면 길이가 좀 길면 더 좋다.
자투리 나무 크기를 보고 훅걸이의 최종 크기를 정하자.

빈티지스런 훅걸이로 만들고 싶다면 빈티지 컬러로 페인팅을 하거나 스테인만 칠해도 된다.
어떤 색으로 칠하고, 어떤 모양의 고리를 다느냐에 따라서 훅걸이의 느낌이 많이 달라진다.

1. 자투리 나무의 크기에 따라 훅걸이 길이와 크기를 정하고, 재단한다.

2. 사포로 거친 면을 매끄럽게 다듬는다.

3. 자투리 나무를 손질한 뒤 스펀지로 스테인을 2회 바르고 건조시킨다.

4. 빈티지 느낌의 컬러로 2회 칠하고 건조시킨다.

※ 이때 페인팅일 경우 1회 칠하고, 30분 뒤 1회 더 칠한 다음 2~3시간 정도 건조시킨다.

5. 완전히 마르면 밑색으로 칠한 스테인 색이 보이도록 사포로 문지른다.
　　그런 다음 바니시를 바르고 건조시킨다.

※ 빈티지 느낌을 더 살리기 위해 커터칼로 약간씩 스크래치를 내거나 벗겨내도 좋다.

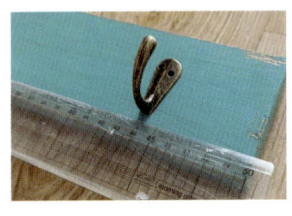 6. 원하는 디자인으로 고리를 준비해 바니시로 도장한 나무에
　　부착한다. 미니 훅은 그 자체로 빈티지한 느낌이 나므로
　　후가공 없이 달기만 하면 된다.

　　※ 자와 연필로 일정한 간격을 표시한 다음 고리를 설치한다.

7. 벽에 걸 액자고리를 준비하고, 적당한 위치를 잡아 나무 뒷면에 부착한다.

자투리 나무 Nº 3 꾸밈 요소

허전한 공간과 벽면에 자투리 나무는 과연 어떤 역할을 할까?
놀랍게도 감각적인 인테리어 소품이 되기도 한다.
스텐실 도안, 그래픽 스티커, 몇 가지 부속품만 있으면
공간 연출용 소품으로 탄생한다.

세탁실에서 먼지 폴폴 쌓여가는 나무 선반, 세일할 때 왕창 사다놓은 유리병.
이 두 재료가 만나 우리 집 벽면을 예쁘게 장식할 소품으로 변신했다.
유리병에 꽃을 담으니 향기를 타고 집안의 공기를 정화하는 방향제 역할도 한다.

책상 위에 걸어두고 자주 사용하는 필기구들을 넣어두면 좋을 것 같다.
화장대 근처 벽면에 걸어두고 면봉, 브러시 등을 수납해도 좋다.
아니면 현관 입구나 주방에 걸어두는 것은 어떨까?

어디에 두어도 잘 어울리면서 요긴한 다용도 수납 걸이다!

유리병이 떨어질까 불안해 보일 수도 있지만
스틸 밴드를 유리병 입구에 맞춰 꽉 조여주면 절대 떨어지지 않는다.

유리병 3개, 나무 선반, 스틸 밴드 3개를 준비하자.
만일 자투리 나무가 없다면 천원숍에서 2,000~3,000원의 나무 선반을 구매하자.
950원 스틸 밴드는 철물점 또는 인터넷 쇼핑몰에서 쉽게 구매할 수 있다.

나무 재단 → 페인팅 → 건조 → 스틸 밴드 부착 → 액자고리 부착 → 유리병 조립

▶ 준비물 : 자투리 나무, 유리병 3개, 스틸 밴드 3개, 드라이버, 피스, 액자고리, 페인트 또는 스테인, 붓
▶ 소요시간 : 40분

1. 원하는 크기와 모양으로 자투리 나무를 자른다. 나무의 양쪽 끝에서 5~10㎝ 간격을 두고
유리병을 걸 위치를 잡아 연필로 표기한다.

※ 이때 유리병과 유리병 사이에 간격을 일정하게 잡는 것이 좋다.

2. 스틸 밴드를 고정하는 부속품을 먼저 나무에 피스로 고정시킨다.
이때 위아래 구멍 중 윗구멍만 피스로 고정시키고, 피스를 부착하지 않은 쪽에
스틸 밴드를 끼워넣는다(아래에서 위쪽 방향으로).

※ 스틸 밴드는 배수관과 배수관을 연결할 때 사용하는 부속품이다.

3. 벽에 걸 수 있게 나무 뒤 양쪽 끝에 액자고리를 달아주고, 스틸 밴드의 나머지 구멍에도
피스를 박는다. 그런 다음 스틸 밴드에 유리병을 끼워 놓고 단단히 조인다.

※ 유리병이 떨어지지 않도록 유리병 입구 크기에 맞춰 스틸 밴드를 꽉 조여서 고정시킨다.

※ 내추럴한 나무의 컬러감이 좋다면 그대로
사용하고, 페인트나 스테인으로 컬러링을
하고 싶다면 스틸 밴드를 부착하기 전에
페인팅을 해야 한다. 이때 페인트나
스테인이 완전히 마른 다음 스틸 밴드를
부착하면 된다.

허전한 벽면을 채워줄 스텐실 우드 액자.
크기가 제멋대로인 자투리 나무 합판을 원하는 모양으로 자르고,
사포로 표면을 다듬고, 스테인 기법의 컬러링을 하면 빈티지 느낌의 소품용 액자가 된다.

나무 재단 → 스테인 도색 → 컬러 도색 → 그림 도안 → 스텐실 컬러링 → 고리 제작 → 액자고리 부착

▶ 준비물 : 자투리 나무, 톱, 사포, 스테인, 아크릴 물감 또는 페인트, 스펀지, 붓, 스텐실 붓, 철사, 드릴,
　　　　 투명 시트지, 칼, 자, 그림 도안

▶ 소요시간 : 1시간 20분

1. 자투리 나무를 원하는 사이즈에 따라 톱으로 자르고, 자른 표면은 사포로 매끄럽게 다듬는다.

2. 스펀지에 스테인을 묻혀 자투리 나무 표면에 고르게 2회 바른다.

※ 스테인은 바를수록 색이 짙어지므로 원래 가지고 있는 나무 색에 따라 칠하는 횟수를 정하자.

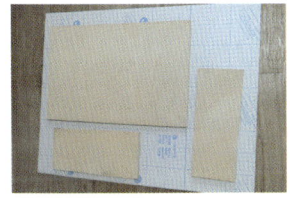  

3. 스테인이 마르면 원하는 색깔의 페인트 혹은 아크릴 물감을 붓으로 2회 칠한다.

※ 민트 컬러(벤자민 무어 리갈 HC-143)와 엘로우 컬러(올드빌리지 겨자색)는 페인트로, 짙은 남색은
　아크릴 물감을 조색해서 칠했다. 스테인과 마찬가지로 칠하는 횟수에 따라 색이 짙어진다.

4. 빈티지한 느낌을 주기 위해 밑 컬러(스테인 색)가 나오도록 사포로 밀어준다.

5. 먼저 인터넷 등에서 원하는 도안을 찾은 후 액자 크기에 맞춰 프린트를 한다. 그런 다음
　 프린트한 도안 용지 위에 투명 시트지를 붙인다.

※ 만일 투명 시트지가 없으면 박스용 투명 테이프로 대체해도 된다.

  6. 투명 시트지를 붙인 도안의
　　　　　　　　　　　　　 글자와 숫자를 칼로
　　　　　　　　　　　　　 도려낸다. 나무판 위에
　　　　　　　　　　　　　 칼로 판 도안지를 올리고,
　　　　　　　　　　　　　 아크릴 물감을 칠한다.

※ 이때 도안지가 움직이지 않도록 주의하고, 글자와 숫자를 도려낸 구멍에 톡톡 두드리듯이
  스텐실 붓으로 바른다. 물감의 양을 적게 사용해야 스텐실이 번지지 않고 깔끔해진다.

7. 스텐실 컬러링이 끝나면 조금 말린 후 도안지를 천천히 걷어낸다.

8. 준비한 철사를 원하는 길이로 잘라 액자를 걸 수 있는 고리 모양으로 만든다.
  만든 고리에 밤색 아크릴 물감을 칠하고 말린다.

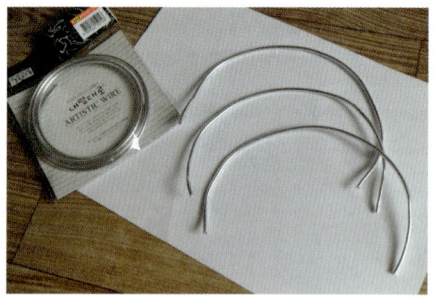 

※ 부식된 느낌을 표현하기 위해 콕콕 찍으면서 칠한다.

9. 나무판 윗부분에 드릴로 고리 구멍을 뚫는다. 뚫은 구멍에 고리를 밀어 넣고,
  뒤판에 나온 철사를 구부려서 빠지지 않도록 고정시킨다.

홍삼을 담은 나무 박스…, 참 요긴한 자투리 나무다.
리포머들은 이런 견고한 나무 박스를 절대 버리지 않는다.

홍삼 박스 뚜껑에 스테인을 칠하고, 거칠게 스크래치를 내고, 우드 집게를 부착하면…,
멋지고 빈티지한 클립보드를 만들 수 있기 때문이다.

영문 페이퍼를 포인트로 꽂아주면 더 운치가 난다.

홍삼 나무 박스를 새롭게 재탄생시킨 클립보드는 주방 한 켠에 걸어두고
메모판으로 사용하면 딱 좋다. 오늘의 메뉴를 써 놓으면 어떨까?

깜빡깜빡 잘 잊어버리는 내용을 메모지에 기록해 붙여도 좋다.

벽면 장식용 소품으로도 활용하고, 메모판으로도 사용하는
우리 집 만능 기억 장치, 우드 클립보드!

스크래치 → 스테인 도색 → 건조 → 피스 부착 → 우드 집게 부착 → 마무리

▶ 준비물 : 홍삼 박스 뚜껑 또는 자투리 나무, 톱, 스테인(본덱스 도토리 색), 스펀지, 우드 집게, 영문 페이퍼
▶ 소요시간 : 20분

1. 빈티지한 느낌을 내기 위해 톱으로 홍삼 박스 뚜껑의 적당한 부분에 흠집을 낸다.

2. 스테인을 스펀지에 묻혀 나무에 1회 칠한다. 나무 색에 따라 1회 더 칠해도 좋다.

3. 스테인이 마르면 나무판에 우드 집게를 부착할 위치를 연필로 표시한다.
   그런 다음 체크한 곳에 피스를 박는다.

4. 피스에 우드 집게를 달고, 영문 페이퍼를 우드 집게로 꽂으면 완성이다.

※ 나무판 뒷면에 액자고리를
   부착해 벽에 걸어두거나
   앞면에 고리 타입의 피스를
   부착해 열쇠 고리 등을
   걸어도 좋다.

자투리 나무 Nº 4 변신

사실 자투리 나무는 의외로 찾기 어렵다. 쓰임새가 요긴한 만큼 구하기가 쉽지 않다.

그나마 주변에서 발견할 수 있는 것은 버려진 책장, 서랍장 등이다.

그러나 다시 분리해서 사용해야 한다는 점 때문에 DIY 초보자들에게는 마땅치 않은 재료다.

이럴 때는 인터넷과 동네 목공소에서 정말 싸게 구입할 수 있는

변신의 귀재, '나무 각재'를 주목하자!

나무 각재 재단 → 사다리 선반 조립 → 페인팅 → 건조 → 벽면 설치

▶ 준비물 : 4㎝ 두께의 각재 80㎝ 길이 4개와 30㎝ 길이 6개, 선반 조립용 피스 25개, 드릴, 구멍
　　　4개짜리 꺾쇠 6개, 꺾쇠 고정용 피스 12개
▶ 소요시간 : 1시간 20분

딸아이 옷을 사기 위해 들른 가게. 첫 느낌부터 남달랐다!

가게 주인장이 인테리어에 관심이 무척 많은 듯했다.

그때 내 눈에 확 들어온 한 가지! '이건…, 사다리가 아닌가!'

벽에 걸려 있는 사다리 선반은 누가 봐도 단연 눈길을 끌 만한 아이템이었다.

"이거 어떻게 만든 거예요?"라며 냉큼 물었다.

"아~ 네, 나무 각재로 사다리를 만들었어요. 그냥 눕혀서 벽에 걸기만 했어요."

마침, 집에는 자투리 각재도 많다.

이런 솔깃한 아이템을 듣고선 그냥 지나칠 수 없는 법!

집에 돌아온 난, 곧바로 각재들의 사이즈를 체크했다.

'좀 더 긴 각재가 필요해….'

동네 공방에 들러 길이가 아주 긴 각재 하나를 5천 원에 구입했다.

이제 사다리 지지대로 쓸 긴 각재도 있고, 사이사이 채워줄 자투리 각재도 다 있다!

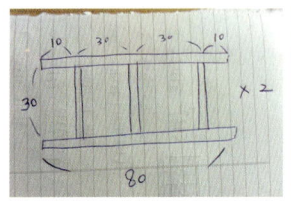

1. 가로 길이가 80㎝인 사다리 선반을 2개 만든다. 필요한 각재는 4㎝ 두께로 80㎝ 길이 4개,
　30㎝ 길이 6개를 준비한다.

※ 인터넷 DIY 쇼핑몰에서 구매하고 재단 서비스를 받으면 편리하다.
　물론 가까운 공방이나 목공소에서도 구매할 수 있다.

2. 80㎝ 길이 각재(위아래 지지대) 1개에 30㎝(선반 나눔용 세로 지지대) 길이 3개를 피스와 드릴로
　조립한다. 먼저 80㎝ 길이 각재 1개를 두고, 시작 지점에서 10㎝ 위치에 세로 지지대 1개를
　고정시킨다. 그런 다음 30㎝ 간격을 두고 세로 지지대 1개를 부착하고,

다시 30㎝ 간격을 두고 3번째 세로 지지대 1개를 고정시킨다.

3. 80㎝ 길이 각재 1개를 세로 지지대(선반 바닥용 지지대) 3개에 피스로 고정시켜 조립을
   완성한다. 이렇게 조립하면 사다리 선반 1개가 완성된다.

조립 끝. 자투리 각재가 요긴한 수납 가구 사다리 선반 2개로 변신 완료!

페인팅을 하고 싶다면 조립 후 원하는 컬러로 칠하고, 완전히 마르면 벽에 설치하자.

짙은 나무 느낌이 좋으면 스테인을 칠하면 되고,

그냥 나무 원래 느낌을 원한다면~ 벽에 곧바로 설치하자!

이제 사다리 선반을 벽에 설치해야 한다. 필요한 부속품은 ㄴ자 모양의 꺾쇠 6개!

ㄴ자 모양의 부속품을 사다리 선반 중간 중간에 부착해 사다리 선반을 벽에 설치한다.

사다리 1개당 꺾쇠 3개(위쪽 가운데 1개, 아래쪽 2개)를 사용하면 적당하다.

4. 먼저 설치하기 전에 사다리 선반을 벽에 대고 꺾쇠 박아줄 부분을 연필로 표시한다.
   그런 다음 드릴로 꺾쇠 박아줄 부분(벽)에 피스 구멍을 뚫는다.

※ 벽에 부착할 때에는 수납 공간을 고려해 벽과 선반 사이의 간격을 체크하자.
   꺾쇠에는 구멍이 여러 개 있으므로 원하는 간격으로 맞추면 된다.

5. 구멍에 맞춰 피스로 벽에 꺾쇠를 부착한 다음, 선반을 ㄴ자 꺾쇠에 대고 피스로 박는다.
   각재만 준비되면 사다리 선반으로 조립하고, 벽에 설치하는 건 20분이면 충분하다!

이 작은 공간이 하나씩 하나씩…
내 손으로 바꾸고 만든 것들로 채워지는 동안,
어느새 취미가 담긴 집이 되었다.

오래되었다고
낡았다고
더러워졌다고
지겨워졌다고
지금 쓸모없다고
버려려한다면…

October

경계에서 되살아나다

10

October / reform

　　햇살이 따뜻하고 바람이 살랑살랑 부는 날, 딸아이와 화원에 놀러갔다. 이름 모를 다양한 나무와 화초들이 파릇파릇하게 피어 있다. 한참 구경하다가 발견한 작은 다육이들. '하나에 천원'이라는 가격에 솔깃해진 난, 종류별로 10개를 구매했다.

　　'다육이를 어디에 심을까? 나무 바구니에 심을까? 유리컵에 심을까?'

　　문득 스테인리스로 된 빠에야 팬이 떠올랐다. 스테인리스로 된 팬은 처음 사용하기 전에 시즈닝을 충분히 해줘야 하는데, 귀찮은 마음에 생략했더니 그만 팬 바닥이 녹슬어버렸다. 버리기 아까워서 가지고만 있었는데…,

　　'휴우~! 다행이다. 오늘 다육이 화분으로 변신시켜야겠어!'

　　친정 엄마의 취미는 베란다에서 화초 키우기. 그래서 엄마네는 많은 식물들이 빼곡히 베란다를 채우고 있다. 영양 가득한 흙, 큰 자갈, 작은 돌…, 화초들과 관련된 것들이 참 다양하게 많다. 친정 집 베란다 화분에서 슬쩍 가져온 예쁜 잔돌들. 엄마한테 훔쳐간다고 혼났지만 이번에 잘 쓰겠다! 또 엄마에게 어깨 너머로 배운 분갈이 실력이지만, 감사하게도 버려질 위기에 처해진 빠에야 팬에 생명을 불어넣게 되었다.

다육이 10개 만원, 함께 구입한 흙 2,500원, 자갈은 0원. 녹슨 빠에야 팬까지~ 준비 완료.

다육이들은 뿌리가 다치지 않게 살살 조심스럽게 만지면서 화분과 분리시킨다.

녹슨 빠에야 팬에 흙을 수북이 담는다. 숟가락으로 다육이 뿌리가 들어갈 구멍도 만들어준다.

다육이의 뿌리가 다치지 않도록 살살 만지면서 구멍에 넣고 손으로 살살 눌러준다.

다육이와 다육이 사이에 간격을 조금씩 두고 나머지 다육이들도 하나씩 심는다.

마지막으로 문제의 잔돌들을 올리면 끝!

내가 먼저 행복해야
옆에 있는 가족들이 덩달아 행복해진다는 사실을
요즘 더 많이 느끼게 된다.

미니 다육이들이 옹기종기 모여 있는 모습이 너무 귀엽다.

흰색 잔돌을 덮어주었으니 수분 걱정도 없다.

※ 짤막 상식! 작은 다육이들은 분무기로 물을 뿌려주는 것만으로도 충분히 살 수 있다고 한다. 흙에 뿌려주면 흙이 금방 말라버리기 때문에, 작은 자갈을 깔아주면 자갈이 수분을 머금고 있다가 뱉어내면서 오래도록 수분이 유지된다고 한다.

이렇게 해서 우리 집에도 작은 정원이 생겼다. 버리기 아까웠던 빠에야 팬이 다육이를 만나, 다육이들의 멋진 집이 되었다.

녹슨 빠에야 팬처럼 버려야 할 것 같은, 그렇지만 버리기 아까운 주방용품들을 잘 활용하면 이렇게 멋진 미니 정원으로 재탄생한다. 리폼이란 이런 것이 아닐까?

지루했던 일상, 가끔 벌이는 딸아이와의 사투, 원망스럽던 좁은 집…. 셀프 인테리어를 하면서…, 점점 많은 시간을 즐겁게 집에서 보내게 된다. 그래서 집을 더 중요하게 생각하게 되고, 집에 대한 애착도 강해진다.

진정한 셀프 인테리어의 효과는 여기에 있었다. 틈틈이 정리하게 되고, 꼭 버릴 것만 버리는 좋은 습관이 생겼다는 것. 그리고… 오래되고 낡고 녹슬고 더러워지고 지겹고 쓸모 없어진 것들에 대해 또 다른 가치를 알게 되었다는 것. 꼼지락 꼼지락 내 손으로 변신시킨 리폼의 가치를….

이 집에 있는 오래되고 낡고 녹슬고 더러워지고 지겨워진 그 모든 것들에게 난, 경계에서 되살아날 기회를 줄 것이다!

싱크대 리폼하고 남은 대리석 필름 시트지 + 쓸모 없는 종이 상자 = 매우 튼튼한 종이 보석 상자
시트지 위에 종이 상자를 올려놓고, 상자를 안쪽까지 감쌀 수 있도록 여유있게 시트지를 자른다.
모서리는 대각선으로 자르고, 붙일 때는 미리 접어본 다음 천천히 붙인다.

나무로 된 숫자 스티커는 리폼용으로
많이 쓰인다. 나무 느낌 그대로 붙여도 좋고,
흰색 페인팅을 해도 좋다.

마끈 + 흰색 페인팅 + 리폼용 우드 숫자 스티커 + 스타벅스 요거트 병 = 캔들 홀더
맛있게 먹고 남은 유리병을 깨끗하게 씻은 다음 스타벅스 로고가 가려질 정도로만 마끈으로
돌돌 감싼다. 붓으로 흰색 페인트를 마끈에 살짝 묻히듯이 바르고, 숫자 스티커를 붙인다.

패브릭 원단 + 상처 투성이 접이식 밥상 = 5분만에 완성! 포근한 패브릭 테이블
낡은 헬로 키티 테이블을 패브릭으로 리폼하면 아이가 더 좋아하는 패브릭 테이블로 탄생!
원단은 상판 크기보다 사방 10㎝ 정도 여유를 주고 자른다. 상판 위에 딱풀을 발라 패브릭을
손바닥으로 문지르면서 붙인다. 딱풀로도 아주 잘 붙는다! 원단에 스펀지로 바니시를 2회 칠하면
방수 기능이 생긴다. 귀찮으면 방수 기능의 원단으로 사용하고, 낡은 액자도 같은 방법으로~!

컬러 페인팅 + 일회용 플라스틱 와인 잔 = 로즈 골드빛 와인 잔 소품

하나쯤 갖고 싶던 로즈 골드빛 소품. 이리저리 알아봐도 가격대가 너무 높아 덜컥 사기에는 뭔가 아깝다는 생각~! 캠핑갈 때 쓰고 남은 플라스틱 와인 잔이나 컵이 있다면 리폼하자. 먼저 와인 잔에 젯소를 2회 칠하고, 마르면 물감(조소냐 아크릴 물감 696 Burnished Copper + 698 Rich Gold)으로 2회 도색한다. 이때 2가지 물감을 각각 1:1.5의 비율로 섞으면 색감이 예쁘다.

만일 표면에 질감을 내고 싶다면, 브러시 붓으로 칠한 다음 스펀지로 물감을 톡톡 두드리면 된다.

마끈 손잡이 + 페인팅 + 비타민을 다 먹고 남은 빈 통 = 앙증맞은 손잡이 수납 상자
먹고 남은 비타민 깡통 예쁜 수납함으로 리폼하기! 빈 깡통에 예쁘게 페인팅을 하고,
따뜻한 느낌의 마끈 손잡이를 달고, 자투리 나무에 이니셜을 붙이면
앙증맞은 수납함으로 변신한다.
먼저 젯소를 2회 칠하고, 원하는 컬러로 페인팅을 3회 칠한다.
젯소와 페인트를 덧칠할 때는 먼저 칠한 페인트가 완전히 마른 다음에 칠해야 한다.

페인팅을 해도 드러나는 지저분한 부분에 자투리 나무와 우드 이니셜 스티커를
붙이면 감쪽같다! 손잡이는 원하는 것으로 선택하면 되는데,
집에 남는 우드 손잡이가 있다면 마끈으로 돌돌 감고 피스와 드릴로 부착하면 된다.

민트 빛이 살짝 감도는 하늘색이 엔틱한 소품들과 너무 잘 어울린다.
생각해 보면, 집에는 자잘한 물건들이 의외로 많다.
커피믹스, 각종 티백, 화장솜, 면봉, 화장품 샘플, 각종 약들……
그냥 쓰고 버릴 운명이었던 깡통이 우리 집 한 부분을 환하게 만들 줄이야…

컬러 페인팅 + 뿌리는 페인팅 + 더럽고 낡은 화분 바구니 = 다용도 수납 바구니

지저분한 우드 바구니는 락스물로 깨끗이 씻어 햇빛이 드는 곳에 두고 2일 정도 말린다.

벌어진 틈은 목공용 접착제를 발라 붙이고, 너덜너덜한 부분은 무두못을 박아 밑손질을 한다.

페인팅 전에 사포로 표면을 매끄럽게 밀고, 젯소를 2회 칠한다.

브러시 붓으로 페인트(삼화페인트 더클래식 아토프리 연하늘색)를 2~3회 칠한다.

스프레이 용기에 흰색 페인트를 넣고 분사한다. 이때 조금 멀리서 뿌려야 분사 느낌을 제대로

표현할 수 있다. 하루 정도 충분히 말린 후 스펀지에 바니시를 묻혀 도장하고 말리면 된다.

낡은 우드 바구니가 새 옷을 입고 화초, 커피믹스와 홍차 티백을 담는 바구니로 다시 태어났다!

손잡이 교체 + 페인팅 + 지겨워진 3단 서랍장 = 심플한 협탁 겸용 3단 수납장

밋밋한 서랍장이 지겨워졌다면 손잡이를 교체하고, 원하는 컬러로 페인팅을 하자.

침실 옆에 숨겨두었던 서랍장이었다면, 리폼 후에는 거실 소파 옆에 두고 테이블 겸 수납장으로 마구 사용하고 싶어진다. 초강력 젯소를 사용하면 건조시간이 빨라진다.

젯소 1회, 페인팅 2회 칠하고 건조 후 새로운 손잡이를 달아주기만 하면 된다.

· 핀터레스트 ·

핀터레스트가 뭘까?

'핀터레스트'는 인테리어 블로거들 사이에서 입소문 난 정보 창고로, 벽에
물건을 고정하는 핀(pin)과 흥미를 의미하는 인터레스트(interest)의 합성어다.

왜 핀터레스트에 열광할까?

무수히 많은 해외 인테리어 자료들과 새롭고 특이한 재료와 기발한
아이디어를 참고할 수 있기 때문이다. 리포머들이 열광할 만한 DIY와
리폼에 관한 새로운 트렌드, 무궁무진한 셀프 인테리어 컨텐츠의 신세계를
경험할 수 있는 보물 창고다.

접속 키워드는 뭘까?

사실 딱 정해진 것은 없다. 자신이 원하는 내용의 그 어떤 단어를 검색해도
엄청난 자료가 쏟아진다. self interior, DIY, home deco….

검색된 내용 중에는 병뚜껑으로 테이블과 의자를 리폼하고, 못 쓰는 자동차
타이어에 원형 나무판과 마끈을 활용한 낮은 의자, 유리병 조명, 매니큐어와
면도 거품을 활용한 멋진 벽 장식 등이 있다.

궁금하다면 접속해 보길…!

어떻게 활용할까?

처음에는 너무나 많은 자료에 놀라 시간 가는 줄 모르고 구경하게 된다.
그러나 제대로 내 것으로 활용하려면 참고는 하되,
똑같이 따라 하는 것은 개성 없어 보이므로 비추다!

'어떻게 이렇게 만들지?' 라는 감탄과 놀라움 대신, '나는 이 부분을 살짝
바꿔서 이렇게 만들자' 혹은 '이건 이렇게 활용하면 더 완벽한 리폼이
될 것 같아' 하는 나만의 아이디어를 끌어내면 된다. 또 '이건,
아이디어는 좋은데 이 부분은 좀 별로야' 하는 식의 분석을 통해 활용하면 된다.

　　안 쓰는 핑크색 접이식 테이블이 옥상에 먼지 폴폴 나도록 방치되어 있었다. 상태를 살펴보니…, 옥상에 오래 방치한 탓인지 먼지도 많고 군데군데 벗겨지고 심지어 떨어져 나간 곳도 있었다. 하지만 부서진 부분을 다시 붙이고, 사포로 열심히 다듬고, 젯소와 페인트를 칠하면 충분히 변신할 수 있을 것 같았다.

　　리폼에 한창 재미를 더해가는 시기라 버려진 이 테이블을 그냥 지나치지 못했다. 그리고 얼마나 변신시킬 수 있는지 내 리폼 실력도 궁금해졌다.

　　'누군가로부터 버려진 이 불쌍한 테이블을 리폼해서 내 거실로 가져가리라~!'

　　이런 접이식 테이블은 침대 옆에 두고 협탁으로 사용해도 되고, 소파 테이블로 사용하기에도 안성맞춤이다. 잘만 리폼하면 좁은 집에서 다양한 용도로 쓸 수 있는 접이식 테이블이 될 것 같다!

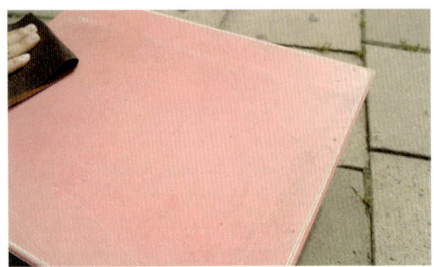

먼저 아주 까칠까칠한 100방 사포로 구석구석 깨끗이 사포질을 한다.

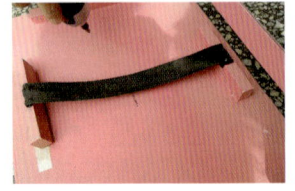

떨어진 부분은 목공용 접착제로 다시 붙이고, 다리 곳곳의 헐거워진 부분은 조금 더 긴 피스로 새로 박았다.

빠른 건조시간을 위해 초강력 젯소를 얇게 3회 칠한다. 넓은 상판 쪽은 롤러로, 다리와 작은 면적은 브러시 붓으로 얇게 3번 덧바르는 게 포인트!

상판을 제외한 테이블 연결 부분과 다리에만 검은색 페인트(삼화페인트 반광 검정)를 3회 칠한 다음 건조시킨다.

상판에는 롤러로 흰색 페인트(던에드워드 에베레스트 DEW340)를 3회 칠한다.

페인팅이 건조되는 동안 A4 용지에 연필로 도안(상판 위 부분 페인팅할 패턴)을 그린다. 연필로 그린 밑그림을 칼로 도려내고, 그림을 따라 마스킹 테이프를 붙인다.

이때 테이프는 연필 선에서 1㎜가량 바깥쪽으로 붙인다. 이제 검은색 아크릴 물감을 뚫린 부분에 칠한다. 가운데 부분부터 콕콕 찍으면서 칠한다.

완전히 마르면 마스킹 테이프를 떼고, 바니시를 스펀지에 묻혀 테이블 전체에 1회 도장한다.

바니시가 완전히 마르기를 기다리면서…, 저절로 흐뭇해짐을 느낀다. 완전히 이전과는 다른 접이식 테이블의 모습, 블랙 앤 화이트 컬러와 포인트 패턴이 심플하다. 소파 옆에 두고 사용할 테이블이 하나 탐났는데…, 좁은 공간에 엄두도 내지 못했지만 접이식 테이블은 그런 걱정을 말끔히 해소시켰다.

잠시 책을 읽을 때, 외출하고 돌아와 가계부를 작성할 때도 편하게 꼼지락거릴 수 있을 것 같다. 접이식이라 침실에도 왔다갔다 하며 사용할 수 있어서 좋다. 필요 없을 때는 접어두었다가 필요할 때는 펼쳐서 사용할 수 있다.

버려진 낡은 테이블을 정말 갖고 싶었던 테이블로 탄생시킨 소감은 그야말로 짜릿하다! 이게 바로 리폼의 재미 아닐까?

'나의 비포Before를 아무도 모르게 하라!'

재활용이지만 재활용답지 않게,
리폼이지만 리폼한 것 같지 않게……

November

11

색다른 재료 갈망기

November / etc.

자투리 나무, 깡통, 유리병, 비타민 깡통, 쿠키통…, 그리고 버려진 테이블, 녹슨 빠에야 팬, 낡고 더러워진 우드 바구니…. 리폼과 재활용 DIY를 시작한 지 어느덧 1년이 되어 간다.

지금껏 페인팅 위주의 후가공에 주력했는데, 이제는 뭔가 독특하고 색다른 재료를 찾게 된다.

누가 보아도 '만들었구나!' 하는 새로운 느낌이 들게 하거나, 아니면 '이건 어디서 샀을까?' 하는 궁금증을 불러일으킬 만한 그런 참신한 재료…. 하루하루 쌓여 가는 '색다른 재료에 대한 열망', 난 이 간절함을 좀처럼 삭힐 수 없었다.

남들이 쓰지 않는 색다른 재료를 찾고 리폼 아이디어를 쥐어 짜내는 일이 쉽지만은 않지만, 운이 좋으면 절로 아이디어가 샘솟는 행운을 만나기도 한다.

'우드구슬을 활용해서 메모꽂이를 만들면 좋겠어!'

나에게 호기심과 신선함으로 다가온 우드구슬. 그것은 자주 발품을 팔곤 하는 해외 사이트에서 내 눈에 띈 DIY 재료 중 하나다.

'대체 저 우드구슬은 어디서 파는 거지?'

하지만 어디서 구해야 할지 막막하다. 우드구슬을 한 번 본 이후론 도저히 내 머릿속에서 지울 수 없었다. 그러한 갈망이 폭발한 어느 날 어렵게 판매처를 알아냈고, 우드구슬을 향해 난 그곳을 찾아갔다.

단순히 우드구슬을 사러간 곳…. 우드구슬을 사는 시간은 단 10분이면 충분할 텐데…, 그러나 난 2시간을 훌쩍 넘겨 한참을 그곳에서 머물렀다.

'여긴 DIY 재료의 천국이다!'

아주 작은 모형 나무와 모형 숲, 모형 동물…. 내가 그토록 원했던 신선한 재료들이 눈에 들어오는 순간마다 이런저런 아이디어가 마구 쏟아진다.

'빈 유리병 뚜껑에 붙여 물과 반짝이 가루를 넣으면 워터볼을 만들 수 있겠어!'

워터볼 만들 생각으로 잔뜩 신이 난 나…, '이건 또 뭐야?'라며 이색 물감에 시선을 빼앗겼다. 패브릭과 도자기 전용 물감은 그동안 아크릴 물감과 페인트만 자주 사용했던 나를 새로운 컬러링의 세계로 인도했다.

패브릭 물감은 흰색 무지 천으로 세상에서 하나뿐인 블랑켓을 만들 수 있을 테고, 도자기 전용 물감으로 이 나간 도자기 그릇에 그림을 그리면 색감이 훨씬 예쁘게 표현되리라~!

'새로운 곳 아이디어는 만드는 재료를 통해서도 얻어진다는 사실!'

색다른 재료와의 만남으로 잠시 잊은 우드구슬과 2가지 물감 등…, 내게 창의적인 아이디어를 마구 샘솟게 한 몇 가지 재료들을 사서 집으로 고고 GO~!

우드구슬은 무얼 만들어도 끝이 없는 참 신통방통한 재료다. 알파벳이 들어간 레터링지를 붙이면 빈티지한 느낌의 소품이 되고, 털실을 활용하면 스탠드를 꾸밀 수 있는 태슬이 된다. 메모꽂이 역시 우드구슬을 활용하기 좋은 아이템이다.

그렇게 난 우드구슬로 3가지 인테리어 소품을 만들었다. 훗날 지금 만든 우드구슬이 지겨워질 때쯤 우드구슬 3총사의 변신은 다시 시작될 것이다.

사실 하나쯤 장만하고 싶어도 가격이 사악한 북유럽 소품들. 이렇게 아주 간단한 방법으로
멋스러운 북유럽 소품을 만들 수 있다. 집안의 허전한 곳에 걸어주면 멋진 공간 연출이
가능하다. 따로 색을 칠하지 않아도 너무 예쁘다. 사용하다 질리면 다른 색으로 바꿔주면 된다.

우드구슬을 활용한 메모꽂이. 만드는 시간 10분. 먼저 트와인 실을 바늘에 꿰어 원하는 길이로
우드구슬(20㎜ 크기)을 연결한다. 우드구슬을 모두 연결한 다음, 끝 부분에 금속 집게를
매달아준다. 집게에 엽서를 매달아주고 마무리한다.

우드구슬 № 2 빈티지 소품

우드구슬에 레터링지를 조합한 빈티지 소품 만들기! LOVE, HAY, OH…….
알파벳을 붙이다 보면 단어 조합하는 것도 은근히 재밌다. 캔들이나 디퓨저와 함께
우드구슬 하나를 툭 던져놓으면 꽤나 멋스럽다.

만드는 시간 10분. 먼저 트와인 실을 바늘에 꿰어 20㎜ 크기의 우드구슬 13개를 연결한다.
그런 다음 우드구슬에 알파벳 대문자 레터링지(307C블랙)를 올리고 손톱으로 쓱쓱 긁으면 금방
글자가 새겨진다. 다 새긴 우드구슬에 트와인 실을 길게 혹은 짧게 매듭짓는다.

우드구슬 № 3 우드구슬 태슬

우드구슬에 태슬을 만들어 집에 우두커니 서 있는 스탠드를 꾸미자. 우드구슬 자체 컬러감도
좋지만 포인트 색을 군데군데 입히고, 컬러 털실을 연결하면 느낌 좋은 태슬로 완성된다.
우드구슬 태슬은 어느 공간, 어떤 소품, 커튼에 매칭하면 그 자체로 인테리어 소품이 된다.

우드구슬과 태슬로 만든 인테리어 소품. 만드는 시간 20분. 20㎜와 25㎜ 크기의 우드구슬을
서로 번갈아 트와인 끈에 끼운다. 구슬 2~3개를 골라 원하는 색의 페인트(던에드워드
에베레스트 DE5681) 또는 아크릴 물감으로 색을 입힌다.

태슬 만들기! 2가지 색의 털실을 준비한다. 흰색의 두꺼운 종이(실패)에 실을 적당량 감고
윗부분을 고정실로 묶은 다음 종이를 뺀다. 다른 색의 털실을 같은 방법으로 하나 더 만든다.

이제 묶은 2가지 털실을 손으로 잡아 머리 부분을 만들고, 흰색 실로 돌돌 감아 묶는다.

 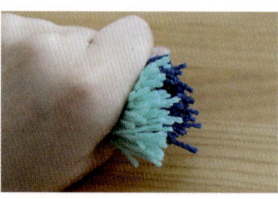 

가위로 아랫단을 자르고, 손으로 움켜쥐어 우둘투둘한 털실을 깔끔하게 정리한다.

만든 태슬을 우드구슬에
매달아주면 완성이다.

우드구슬에 연결하지 않고
각각 따로 걸어도 된다.

색다른 재료 № 1 반짝이 펄

그냥그런 다이소 나무 트레이가 반짝반짝 은빛을 내는 펄을 만나

고급스런 소품으로 변신!

저렴하게 간단하게 손쉽게 만드는 에코 인테리어는

색다른 재료 한 가지만 만나도 그 빛이 더욱 발현된다!

마스킹 테이프 → 젯소 → 건조 → 페인팅 → 바니시 → 반짝이 가루 → 바니시 → 손잡이 고정

▶ 준비물 : 은색 반짝이 가루, 다이소 나무 트레이, 젯소, 페인트(삼화페인트 더클래시 멀티 화이트), 바니시, 마스킹 테이프, 브러시 붓, 세필 붓, 못 쓰는 가죽끈, 빈티지 못, 망치
▶ 소요시간 : 2시간(건조시간 포함)

DIY에 입문하면서 자주 가게 되는 다이소. 저렴한 물건들이 많아 연습하기 딱 좋다!
며칠 전에도 들렀다가 나무 상자가 눈에 띄어 은색 반짝이 가루를 활용해 트레이를 만들었다.

문구점에서 파는 반짝이 가루는 2,000원, 다이소 나무 트레이 2,500원.
포인트 손잡이는 쓰다 남은 가죽끈을 재활용했다.

1. 먼저 나무 트레이 안쪽 바닥 면에 페인트가 묻지 않도록 마스킹 테이프를 붙인다.
   그래야 페인트 옆면을 칠할 때 바닥에 묻히지 않고 깔끔하게 칠할 수 있다.

2. 페인트칠을 하기 전 붓으로 트레이 전체에 젯소를 1회 칠한다.

※ 가구에 페인트칠을 하기 전에 젯소 작업은 필수! 페인트와 가구의 접착력을 높이기 위해
   꼭 필요한 작업이므로 얇게 1회만 바르고, 완전히 건조시킨 후 페인트를 칠한다.

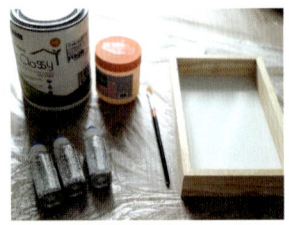  

3. 젯소가 다 마르면 흰색 페인트를 2회 칠한다. 젯소를 칠할 때와 같은 방법으로 얇게 1회를
   칠하고 나서 충분히 건조시킨 후 1회 더 칠한다.

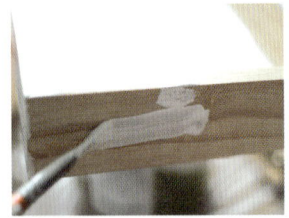  

4. 트레이 안쪽 바닥 면 전체에 붓으로 바니시를 얇게 바른다.

※ 바니시는 반짝이 가루를 붙이는 접착제 역할을 한다. 목공용
   접착제를 얇게 발라도 되지만, 목공용 접착제는 건조되면서
   투명하게 변하므로 이 경우에는 바니시가 적합하다.

5. 바니시가 마르기 전에 은색 반짝이 가루를 트레이 안쪽 바닥 면에 골고루 뿌린다. 이때 가루가 골고루 묻을 수 있게 충분한 양을 쏟아 부은 다음 트레이를 양쪽으로 흔들어준다.

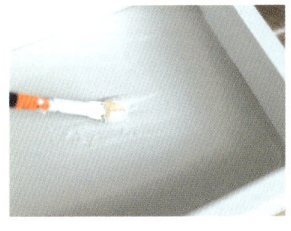

6. 붙지 않은 가루는 다시 통에 담고, 반짝이를 뿌린 트레이 바닥 면에 바니시를 충분히 부어 평평한 곳에서 건조시킨다. 바니시는 코팅제 역할을 하며, 시간이 지나면 투명하게 변한다.

7. 못 쓰는 가죽끈을 손잡이처럼 자른다. 가죽이 얇을 경우 똑같은 모양으로 2개를 잘라 겹친 후 가죽끈의 테두리를 따라 시침질을 해서 고정한다.

8. 트레이의 옆면에 가죽 손잡이를 올리고 빈티지 못을 박아 부착시킨다.

바니시로 코팅을 하니 손으로 만지거나 어떤 물건을 올려도 반짝이가 절대 묻지 않아서 좋다!

손님이 왔을 때는 커피와 간식을 담는 트레이로 사용하고, 인테리어 소품으로 활용할 때는 조개, 산호 등을 올려두면 더 예쁠 것 같다.

색다른 재료 №2 코르크판

코르크판으로 마우스패드를 만들자. 책상에서 마우스패드로 쓰다가 선반 위에 올려 소품으로
사용하기도 하고, 시침핀을 꽂아 메모판으로 사용해도 좋다. 코르크판을 마우스패드 모양으로
자른다. 모서리 부분은 둥글게 다듬고, 연필로 코르크판 위에 헤링본 스타일의 패턴을 그린다.
마스킹 테이프를 붙여 아크릴 물감(검은색)을 칠하고, 잘 말린 후 마스킹 테이프를 뗀다.

색다른 재료 № 3 컬러 시트지

버리기 아까워 모셔둔 유리병이 있다면 꺼내서 장당 600원 하는 4절지 크기의 컬러 시트지로
리폼하자. 그러면 방금 새로 산 유리 물병으로 변신한다. 먼저 유리병에 붙어 있는 각종
라벨을 제거한다. 이때 종이 라벨은 드라이어 바람을 한참 동안 쐬게 한 후 손으로 뜯으면 잘
떨어진다. 라벨 자국이 완전히 없어지도록 수세미로 문질러 깨끗하게 씻어 말린다. 이제 컬러
시트지 뒷면에 튤립 꽃 그림, 잎사귀, 꽃잎, 줄기를 그리고 가위로 자른 다음 유리병에 붙인다.

병 안에 흰 종이를 넣고 시트지를 붙이면 더 잘 보여 붙이기 편리하다.
커터칼로 떼어내지 않는 이상 잘 떨어지지 않아 설거지를 해도 문제없다.

색다른 재료 N° 4 병뚜껑

이제부터는 병뚜껑을 버리지 말고 모아두었다가 냄비 받침대를 만들어보자.

병뚜껑끼리 연결한 다음 원하는 스타일로 후가공만 하면

주방에서 자주 사용하는 냄비 받침대 혹은 티매트로 변신한다.

또 병뚜껑 안에 자석을 붙이면 냉장고나 현관문에 붙여두고 요긴하게 사용할 수 있다.

젯소 또는 스프레이 하도색 → 채색 → 병뚜껑 모양 잡기 → 바니시 도장

▶ 준비물 : 병뚜껑, 컬러 스프레이(아트랩 스프레이), 비닐 또는 신문지, 얇은 코르크판, 글루건, 가위,
　　　　　스펀지, 바니시
▶ 소요시간 : 1시간 20분

색다른 재료를 병뚜껑에서 발견하게 될 줄이야~!

돈 주고 새로 사려고 했던 냄비 받침대. 버리지 않고 모아둔 병뚜껑으로 참 쓸모 있게 만들었다.
언젠가 쓰임새가 있을 거라 생각하고 모아둔 것이 적중했다!

이번 리폼은 페인트와 물감을 전혀 사용하지 않고, 오로지 아트랩 스프레이로 색을 입혔다.
뿌리고 말리기만 하면 되니까…, 만드는 시간이 훨씬 단축된다.
또한 붓과 물감을 사용해 칠하는 것보다 훨씬 표면이 더 매끄럽고 깔끔하다.

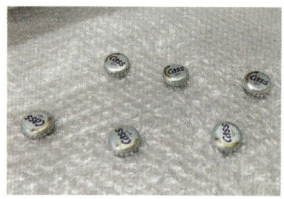  

1. 모아둔 병뚜껑을 신문지나 비닐 위에 올린다.

※ 이때 병뚜껑을 평평하게 올려야 하므로 뽁뽁이 비닐(에어캡)을 사용할 때는 좀 더 주의한다.

2. 스프레이를 위아래로 여러 번 흔든다. 스프레이 안에 든 구슬이 많이 움직일 수 있게 흔든다.

3. 병뚜껑과 자신의 팔 길이만큼 거리를 두고 병뚜껑 위에 먼저 흰색 스프레이를 얇게 1회
　 뿌린다. 이때 스프레이를 뿌리면서 위에서 아래로 내려가는 것이 포인트!

※ 흰색 스프레이를 먼저 뿌리는 이유는 그 위에 입힐 색이 선명하고 뚜렷하게 보이게끔 하기
　 위한 것이다. 즉, 페인팅 전에 칠하는 젯소와 같은 역할을 한다.

4. 원하는 컬러 스프레이를 선택해 같은 방법으로 병뚜껑에 색을 입힌다. 완전히 마르면
　 병뚜껑을 한곳에 담아둔다.

흰색은 밑 도색 포함 총 2번
뿌리고, 검은색은 흰색으로 밑
작업을 하고 나서 1회
도색한다.

이제 냄비 받침대의 틀을 만들 차례다.
요모조모 쓰임새 있게 사용하려면 냄비 받침대 크기가 적당하다.

5. 얇은 코르크판 위에 만들고 싶은 모양으로 병뚜껑을 하나씩 올린다.

※ 병뚜껑으로만 연결하면 사용할 때 흐물흐물해지므로 얇은 코르크판을 덧대야 한다.
  다른 재질보다 코르크판은 쉽게 자를 수 있고, 안정감이 있으며 물도 잘 흡수해
  컵 받침과 냄비 받침으로는 안성맞춤이다.

6. 모양이 잡히면 병뚜껑의 양쪽 끝에 소량의 글루건을 묻힌 후 붙인다.
  병뚜껑을 모두 붙인 후에는 병뚜껑 모양을 따라 가위로 코르크판을 자른다.

※ 잘못 붙인 병뚜껑은 가위나 커터칼을 이용해 떼어내면 된다.
  병뚜껑 양쪽에만 글루건을 묻혀서 붙였기 때문에 쉽게 잘 떼진다.

냄비 받침대 모양이 완성되면 이제는 후가공을 하자.
더 꾸미기 싫다면 곧바로 스펀지에 바니시를 묻혀 1회 얇게 펴 바르고 말리면 된다.

7. 레터링지를 이용해 병뚜껑 위에 글자를 새긴다. 병뚜껑 중앙에 깨끗하게 알파벳이나 숫자를
  새겨도 좋고 병뚜껑 2~3개를 겹쳐서 새기면 빈티지스럽게 연출된다.
  마지막에 바니시를 1회 얇게 바르고 건조시킨다.

---

self interior tip

위의 '병뚜껑 냄비 받침대'는 SBS 스타킹 '병뚜껑의 무한 변신! 독특한 냄비 받침대로
탈바꿈'에 소개된 아이템이다.
만드는 과정 영상 보기는 여기로 ⋯▸ http://tvcast.naver.com/v/386578

병뚜껑
자석

CHECK LIST

병뚜껑을 연결하지 않고 따로따로 하나씩 병뚜껑
안에 자석만 넣으면…, 냉장고에 감각적인
엽서들과 함께 데코하기에 좋다.

또 철 재질의 현관문에 자전거나 자동차
키걸이용으로 사용하면 외출할 때 정말 편리하다.
아이 키우는 주부들은 가정통신문과 식단표 등
깜빡깜빡 하기 쉬운 내용을 냉장고에
붙일 수 있어 좋다.

병뚜껑 자석을 레터링지로 후가공을 해도 좋지만 이번에는 페인트를 흩뿌리거나 담갔다
건져내는 컬러링을 시도해 보자. 자연스러운 느낌의 컬러링이 오히려 더 멋스럽게 보인다.

페인트 흘러내리기 기법

1. 병뚜껑에 젯소를 2회 칠하고, 마르면 흰색 페인트를 2회 칠한다.

2. 페인트 통에 병뚜껑을 반만 담갔다가 뺀 다음, 페인트가 자연스럽게 흘러내리도록
   병뚜껑을 세워서 말린다.

3. 글루건을 사용해 원형 자석을 병뚜껑 안에 붙인다.

물감과 페인트 흩뿌리기 기법

1. 병뚜껑에 젯소를 2회 칠하고, 마르면 흰색 페인트를 2회 칠한다.

2. 신문지 위에 병뚜껑을 올려놓고 물감을 짜면서 넓게 좌우, 위아래로 왔다 갔다 하면서
   뿌린다. 또는 붓에 페인트를 듬뿍 묻혀서 페인트가 흘러내릴 때 병뚜껑 위에
   좌우, 위아래로 왔다 갔다 하면서 뿌린다. 마지막에 글루건으로 원형 자석을 붙인다.

December

봄을 기다리며…

12

December / restart

셀프 인테리어에 빠져 살다 보면 일상생활 속에서도 뜻하지 않은 '발견'에 이르곤 한다. 하루는 친한 언니와 만나 점심을 먹고 커피 마시러 근처 커피숍에 들렀다. 동네 커피숍은 아담했지만 들어가는 입구부터 내부까지 인테리어 소품 하나하나가 멋스러웠다.

그곳에서 운명처럼 만난 녀석은 다름 아닌 가게 창가에 붙어 있는 '부엉이 가랜드 조명'. 커피 가게를 들어와서도 조명에 흠뻑 빠져버린 나머지 창가에만 시선이 간다! 어찌나 예쁜지… 부엉이 배 사이 쏟아져 나오는 트리 전구의 빛이 정말 황홀하다. 난 호기심 어린 눈빛으로 가게 사장님에게 물어보았다.

"이거 어디서 구하셨어요? 얼마 정도 하나요?"

"이건 프랑스에서 수입한 물건이에요. 주문하고 나서 배송기간만 6개월 걸렸어요."

결국 깨끗이 포기하고 집으로 돌아왔지만 그 부엉이 가랜드 조명이 자꾸 눈앞에서 아른아른…. 궁하면 통한다고 하던가! 그 순간 머리를 스쳐 지나가는 생각 하나!

'어랏? 트리 꾸미는 전구라면 창고에 있는데…, 부엉이만 만들어 끼우면 되는 거 아니야?'

뻔하지 않은 참신한 재료 못지않게, 평범한 재료에서 발견한 빛나는 아이디어!

그런 보석들을 보게 되면 내면에서부터 밀려오는 갈망이 그렇게 시시각각 요동치곤 한다.

일단 뭐라도 시도해야겠다는 생각에 다음 날 바로 그 가게로 향했다. 양해를 구하고 부엉이 조명 사진을 찍어와 궁리를 거듭했다. 역시 생각한 대로 부엉이만 만들면 간단한 거였다!

먼저 부엉이 조명 사진을 프린트해 도안을 만들기 시작했다. 그리고 난 정성스럽게 커터칼로 눈과 날개, 배 부분에 칼집을 내고, 앵두전구를 끼워 넣었다. 종이로 하나하나 만들고 커터칼로 하나하나 파내면서 난 어느새 부엉이를 20마리나 만들었다.

이제 곧 다가오는 크리스마스…, 거실 벽면에 걸고 전구에 불을 켜는 순간, 나는 그 어떤 명품 백을 선물받은 것보다 기쁠 것이다.

이 겨울이 시작되면서 난 종이를 자르고 붙이고 접는다. 어쩌면 봄을 기다리며 12월을 종이 DIY에 빠져 지낼지도 모른다. 또 무언가에 빠져 찾고 도전하고 재현하고 바꿀지도 모른다. 난 알 수 있다.

색다른 재료에 대한 갈망, 평범한 재료를 빛나게 하는 아이디어는 더욱 빛이 난다는 것을…, 그렇게 하나씩 알게 되고 깨닫고 느끼면서… 나의 셀프 인테리어 세계를 더욱 살찌우게 한다는 것을! 그리고 나의 셀프 인테리어는 또 다시 시작될 것이다!

부엉이 가랜드 조명

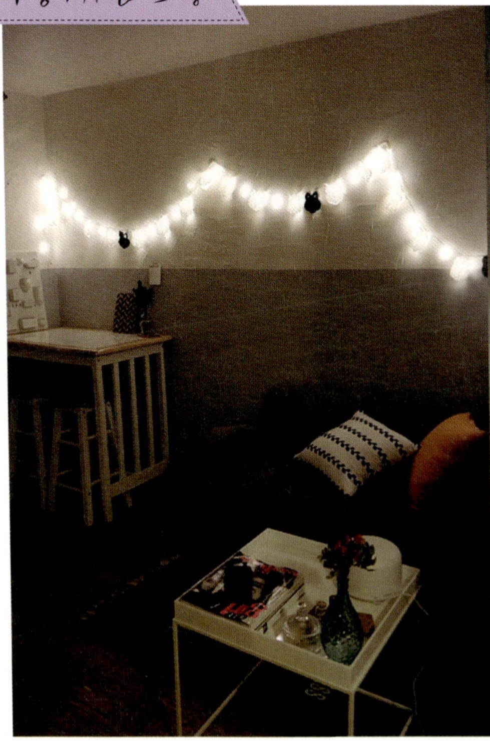

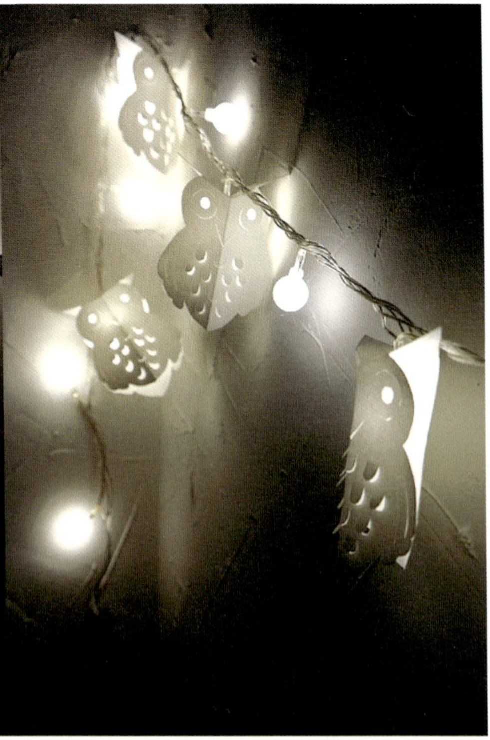

종이 공작

종이를 잘라 만든 부엉이 가랜드 조명은 어두운 밤에 더욱 예쁜 소품이다.
허전하다고 느껴지는 소파 뒤 벽면에 매달아주면
따뜻한 주광색 조명과 함께 아늑한 분위기로 변신한다.
12월, 크리스마스 트리와 함께 장식하면 어떨까?

부엉이 그리기 → 자르기 → 종이접기 → 칼집 내기 → 글루건 → 전구 연결

▶ 준비물 : 머메이드지(검은색, 흰색), 가위, 커터칼, 투명 테이프, 앵두전구, 글루건
▶ 소요시간 : 8시간

누군가는 값비싼 프랑스산 부엉이 가랜드 조명을 6개월을 기다려 가질 수 있었다.
그러나 난, 큰돈 들이지 않고 하루 만에 이 멋진 부엉이 조명을 종이 공작으로 직접 만들었다.

부엉이 가랜드 조명을 만드는 데 쓴 비용은 집에 있는 앵두전구 20개를 제외하고,
머메이드지 값으로 단돈 2,800원이 들어갈 뿐이다.

1. 머메이드 종이를 세로 20㎝, 가로 8㎝ 크기로 자른다. 자른 종이를 반으로 접는다.

※ 빳빳한 느낌의 종이 머메이드지 4절 1장을 문구점에서 구입해 준비한다.

※ 종이 공작을 할 때 고무 재질의 커팅 매트를 준비하면 편리하다.

  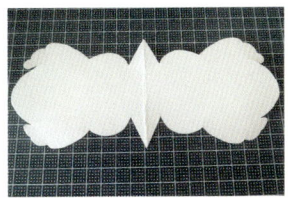

2. 접은 종이 위에 연필로 부엉이를 쓱쓱 그린 다음 도안을 따라 가위로 자른다.

※ 정사각형 모양으로 종이의 반을 접은 후 도안을 그리면 절반만 오려도 되므로 편하다.

3. 자른 도안의 접힌 부분을 펼치고, 사진과 같이 접힌 부분과 반대(세로)로 길게 반을 접는다.
   접었을 때 데칼코마니처럼 완전히 똑같은 모양이 되지 않아도 된다.

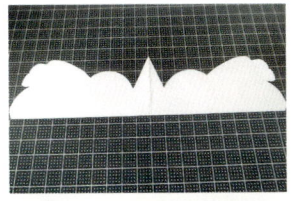 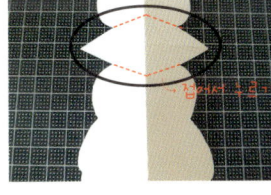 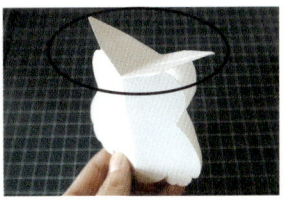

4. 사진과 같이 중간 부분을 살짝 눌러 입체적으로 부엉이
   머리를 만든다.

5. 부엉이 머리 부분(전구가 들어갈 곳)에 투명 테이프를 붙인다.

※ 이렇게 하면 전구가 들어갈 때 종이가 찢어지지 않는다.

6. 커터칼로 전구가 들어가는 입구를 '+' 모양으로 자른다.

7. 부엉이 날개, 눈, 입, 깃털 부분을 연필로 그린 다음 커터칼로 칼자국을 낸다.
   이때 눈동자는 펀치로 뚫으면 편하다.

※ 부엉이 배 부분의 털 표현은 빛만 투과하면 되므로 너무 섬세하게 자르지 않아도 된다.

8. 부엉이 뒷면 날개 끝 부분에 글루건을 적당량 묻힌 후 앞뒤 종이를 서로 붙인다.

9. 부엉이 머릿쪽 십자 모양으로 칼자국을 낸 곳에 앵두전구를 살살 밀어 넣는다.
   하나씩 부엉이를 매달아 부엉이 가랜드 조명을 완성한다.

※ 전구를 켜놓는다고 해서 종이에 불이 붙지는 않는다! 이런 전구는 장시간 켜두지 않기 때문이다.
   또 빳빳한 머메이드지를 입체감 있게 접었기 때문에 전구와 종이가 닿는 면적이 거의 없다.

한 권의 책으로 접은 DIY 소품

책과 미술의 결합, 북아트는 프랑스어로 '미술가의 책(livre d'artiste)'이라고도 한다.

책 한 장 한 장을 접는 방법에 따라 모양이 달라지는 신기한 북아트.

오래된 책이나 색이 변한 책으로 접어도 쓰임새 있는 인테리어 소품으로 변신한다.

빈티지한 느낌의 영문 책이나 한자, 한글 책 등 모두 북아트의 재료로 사용할 수 있다.

헌 책 한 권을 손쉽게 접어서 만드는 북아트에 도전해 보자!

오래된 책 준비 → 겉표지 뜯기 → 속지 접기 → 글루건으로 모양 잡기

▶ 준비물 : 영문 헌 책, 글루건
▶ 소요시간 : 15분

1. 헌 책을 준비하고, 책의 앞뒤 겉표지를 뜯어낸다.

※ 처음에는 마지막까지 책장을 다 접고 난 뒤에 책 표지를 뜯게 되지만, 일단 한두 번 접어보면
  처음부터 책 표지를 뜯은 후 속지를 접는 게 더 쉽다는 것을 알게 된다.

2. 팽이 모양으로 접기! 오른쪽 페이지 윗부분을 대각선으로 비스듬하게 접는다.

※ 책장을 접을 때는 예쁘게 각을 잘 맞추어 반듯하게 접어야 한다.

 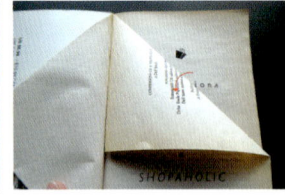 

책 가로
크기에 따라
겹쳐지는 면적이
달라질 수 있다.

3. 나머지 아랫부분도 비스듬히 접어 삼각형 모양을 만든다.
   같은 방법으로 책의 첫 장부터 마지막 장까지 모두 접는다.

※ 집 모양으로 접기! 윗부분만 대각선으로 비스듬히 접어
  세모를 만들고, 아랫부분은 그대로 둔다. 책의 첫 장부터
  마지막 장까지 같은 방법으로 모두 접으면 된다.

4. 책의 모든 속지를 다 접은 다음, 첫 장과 끝 장을 글루건으로
   고정시키고 마무리한다.

포장봉투

선물이나 빵 또는 쿠키를 포장할 때 자주 사용되는 갈색 포장봉투!
그 포장봉투로 영수증 등 365일 보관하기 좋은 수납 가랜드를 만들어보자.
가랜드 역할도 하고 수납과 인테리어 효과까지…,
종이의 변신은 상상을 초월한다!

알파벳 도안 → 알파벳 시트지 → 포장봉투 연결 → 알파벳 붙이기 → 나무봉 및 마끈 부착

▶ 준비물 : 포장봉투 18장, 알파벳 도안, 컬러 시트지(검은색), 가위, 자, 커터칼, 마끈, 양면테이프, 나무봉
▶ 소요시간 : 30분

종이 봉투로 만든 벽걸이 수납 가랜드는 영수증, 중요한 명함, 쿠폰 등
자잘하지만 은근히 보관하기 까다로운 수납에 딱이다.
이렇게 까다로운 수납을 해결하면서도 찾기 쉽고, 실내 인테리어까지 가능하니 더욱 좋다.
특히 작은 집에는 요긴한 수납용 인테리어 소품이 되고, 아이가 있는 집에는 낱말 카드 등
아이 스스로 카드를 꺼내서 단어 놀이도 하고 정리할 수 있어서 좋다.

먼저 알파벳 도안, 검은색 시트지, 가위, 자, 커터칼, 양면테이프를 준비하자.

1. 알파벳 도안을 프린트해서 준비한다.

※ 알파벳은 타이포 디자인용으로 봉투 앞에 붙여 영수증, 중요한 명함, 쿠폰 등 기억하기 쉽게
   보관 물품을 목록별로 표기하는 용도로 쓰인다. 알파벳 대신 한글의 자음으로 대체해도 좋다.

2. 프린트한 알파벳을 가위나 커터칼로 잘라 컬러 시트지 뒷면에 대고 본을 뜬다.
   그런 다음 본을 뜬 시트지를 알파벳 모양대로 자른다.

※ 시트지 뒷면에 대고 본을 뜰 때는 알파벳을 반대로 뒤집어놓고 그려야 시트지를 잘랐을 때
   모양이 제대로 나온다.

※ 직선이 많은 알파벳은 자와 커터칼로, 곡선이 많은 알파벳은 가위로 자른다.

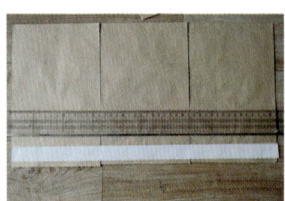

알파벳 시트지 작업이 끝나면 포장봉투를 연결시키자.
포장봉투는 18장을 준비하고, 3장씩 붙인다.
가로 6칸, 세로 3칸 총 18칸으로 모양을 만들 수 있게 연결시킨다.

3. 우선 포장봉투 3장을 나란히 맞춰 놓은 다음 양면테이프를 붙여 연결한다. 같은 방법으로 18장 모두 3장씩 양면테이프로 연결시킨다.

4. 3장씩 연결시킨 포장봉투를 가로 6칸, 세로 3칸이 되도록 만든다. 즉, 3장씩 붙여놓은 포장봉투는 총 6덩이로, 1덩이씩 양면테이프의 비닐을 떼고 겹겹이 포장봉투끼리 붙인다.

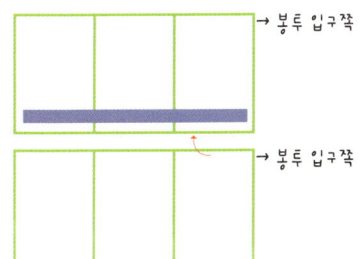

→ 봉투 입구쪽

→ 봉투 입구쪽

※ 이때 맨 윗줄은 포장봉투 윗부분을, 맨 아랫줄은 포장봉투 밑 부분을 맞춰서 붙인다.

5. 미리 만든 검은색 알파벳 시트지를 포장봉투 앞면에 하나씩 차례대로 붙인다. 이때 간격이 잘 맞아야 보기 예쁘다.

※ 시트지는 뒷면의 이면지를 조금 떼어 위치를 잡은 다음 이면지를 서서히 떼면서 붙인다.

포장봉투를 모두 연결하고 시트지를 붙였으면 마지막으로 봉에 부착한 후 마끈을 연결하면 완성이다.

6. 우선 나무봉에 양면테이프를 붙인 후 포장봉투 맨 윗줄에 맞춰 고정시킨다.

※ 나무봉은 화방에서 3,300원에 구입할 수 있고, 봉 대신 나뭇가지를 사용해도 좋다.

7. 마끈을 길게 잘라 벽에 걸 수 있도록 나무봉 양쪽 끝에 묶어준다. 또는 글루건이나 양면테이프 중 편한 재료로 마끈을 연결시켜도 된다.

종이 소품

거창한 크리스마스 트리가 아니어도 좋다.
종이접기로도 충분히 크리스마스 분위기를 연출할 수 있다.
종이 트리를 방과 화장실 문 앞에 걸어두면 앙증맞은 인테리어 소품도 된다.
만드는 방법이 쉬워 아이와 함께 만들기 참 좋다!

종이 자르기 → 구슬 젯소 및 페인팅 → 종이 접기 → 종이 엮기 → 색 구슬 끼우기 → 매듭 짓기

▶ 준비물 : 도화지(검은색, 흰색, 초록색) 각 1장씩, 젯소, 아크릴 물감, 붓, 털실, 컴퍼스, 연필, 가위, 자, 바늘, 구슬

▶ 소요시간 : 50분

초록색과 검은색, 그리고 흰색 종이접기로 크리스마스 트리 만들기!
작은 집에는 진짜 트리를 둘 여유가 없다.
이럴 때 시즌 분위기도 내고, 방문 장식용 소품도 되는 종이 크리스마스 트리는 어떨까?

만드는 방법도 간단한 데다 재료비까지 저렴하다.
문구점에서 천원이면 초록색, 검은색, 흰색 도화지를 한 장씩 구매할 수 있다.
여기에 도화지 색에 맞춰 털실과 구슬 정도만 준비하면 쉽게 만들 수 있다.

1. 초록색, 검은색, 흰색 도화지를 한 장씩 준비한다.
   도화지에 4가지 크기의 원을 그린 다음 가위로 자른다.

 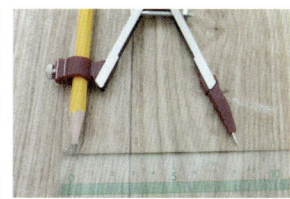 

※ 원을 그릴 때는 컴퍼스로 원하는 지름을 잡아 그리면 편리하다.

2. 구슬에 먼저 젯소를 1회 칠하고 말린다. 그런 다음 검은색, 흰색, 초록색 아크릴 물감을 칠하고 건조시킨다.

3. 구슬이 건조되는 동안 자른 종이들을 하나씩 접고, 바늘로 가운데 구멍을 낸다.

4. 실을 바늘에 끼워서 종이가 밑으로 빠지지 않게 매듭을 짓는다.
   그런 다음 종이 구멍에 통과시켜 큰 원에서 작은 원 순으로 순서대로 끼운다.
   마지막에 색 구슬을 끼우고 문에 걸 길이 만큼만 남기고 털실을 잘라 매듭을 짓는다.

※ 종이 색과 털실 색, 구슬 색이 일치하도록 하는 게 포인트이다.

"스케치북에 그림을 그리듯 나는 집을 꾸미고 색칠했다.
그렇게 보낸 시간들… 지금은 어디 하나 내 손길 안 닿은 곳이 없을 정도다."

"낡고 오래된 17평 아파트는
비로소 내 취미를 담은 작은 집이 되었다."

셀프 인테리어 초보자의 고군분투 여정기

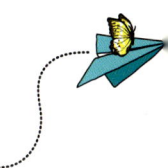

내가 셀프 인테리어를 시작한 이유는 여럿 된다. 작은 집을 조금이나마 넓게 사용하고 싶어서, 오래된 집이지만 사람들 눈에 깨끗하게 비쳐지고 싶어서, 버리고 사는 연습이 잘 안 되는 내가 정리하며 살고 싶어서, 예쁘게 꾸민 공간에서 딸아이와 함께 있고 싶어서, 남편이 집에 돌아왔을 때 좀 더 아늑하게 느끼길 바라서…….

셀프 인테리어 진짜 생초보인 내가 뚝딱뚝딱 쓱싹쓱싹 뭔가 하나를 만들어내고 바꾸고 변신시킨다는 게 처음에는 상상이 잘 안 되었다. 하지만 하나씩 새로운 재료를 탐닉하고, 아이디어를 떠올리는 동안 난 진정한 DIY 리포머가 되었다. 그리고 어느새 나는 '셀프 인테리어 퀸'으로 알려졌고, 지금은 그저 그런 현실이 놀라울 뿐이다.

어쩌면 빨리 지겨워하는 내 성격이 오히려 셀프 인테리어 실력을 향상시키는 데는 크게 한몫을 한 것인지도 모른다. 호기심 많고 생각한 것은 바로 실행해야 직성이 풀리는 점도 도움이 된 것 같다. 사실 셀프 인테리어로 인해 잠자던 나의 실행력을 끄집어낼 수 있어서 오히려 좋았다고 해야 할까?

손재주가 좋은 사람만이 셀프 인테리어를 할 수 있는 것은 아니다. 창의적인 아이디어가 많은 사람만이 잘할 수 있는 것도 아니다. 누구나 방법만 알면 셀프 인테리어를 시작할 수 있다. 중요한 것은 내면에서 꿈틀거리는 욕구를 밖으로 표출하는 것이며, 과감한 의지로 실행하는 것이다. 첫 출발은 그렇게 시작하면 된다.

처음부터 너무 과욕을 부리면 빨리 지치고 쉽게 포기하게 된다. 돈 많이 들인 셀프 인테리어는 자칫 후회를 부른다. 어쩌면 '비싼 돈 들여서 내가 왜 이 고생을 하고 있지?' 하는 의문이 들고, 셀프 인테리어의 진정한 목적을 금세 잊게 될지도 모른다.

셀프 인테리어의 매력은 어떤 제한도 받지 않고 내가 하고 싶은 대로 상상한 대로 바꾸고 만들 수 있다는 점이다. 이 때문에 반드시 고려해야 할 것마저 점검하지 않고 선뜻 시작하는 초보자들이 많다. 초보자가 꼭 염두에 두어야 할 것은 바로 돈과 시간을 고려한 '가성비'이다!

그러기에 내 경우는 초보자에게 좋은 샘플이 될 수 있을 것이다. 초보자였던 내가 '카피캣'을 시작으로 하나씩 배우고, 리폼과 반제품 DIY로 자신감을 얻은 것처럼…, 집에 있는 낡은 물건, 버리려고 했던 것들부터 조금씩 시작해 보면 어떨까?

SBS 스타킹에 '재활용 셀프 인테리어 퀸'으로 소개된 후, '구름 동동 풍선볼 조명'은 많은 사람들로부터 특급 칭찬을 받은 아이템이다.

1. 풍선에 바람을 불어넣은 다음 매듭을 묶고 랩으로 풍선 전체 표면을 감싼다.
2. 냄비에 밀가루와 물을 넣고 끓인 밀가루 풀을 준비해, 랩 위에 밀가루 풀을 바른다.
3. 문구점에서 쉽게 구할 수 있는 컬러 종이끈 또는 마끈으로 풍선을 팽팽하게 돌돌 감는다.
   이때 전구가 들어갈 공간은 남기고 듬성듬성 감는다.

하지만 일부 다른 아이템에 대한 사람들의 반응은 제각각이었다. 어떤 사람들은 정말 좋다며 따라 해보고 싶다는 반응을 보이기도 했지만, 어떤 이들은 "저런 걸 힘들게 왜 만들지?"라는 말을 하기도 했다. 그러나 긍정의 반응을 보인 사람들 중 누군가는 내가 예전에 그랬던 것처럼, 구름 동동 조명을 조용히 혼자 따라 해보았을지도 모른다.

누가 뭐라 해도 셀프 인테리어라는 취미가 나는 좋다. 셀프 인테리어 덕분에 게으른 한 주부가 일상의 행복을 찾게 되었으니 더할 나위 없이 고맙다. 그래서 알뜰하게 재활용하고, 건강한 취미를 담을 수 있는 이 작은 집이 참 좋아졌다. 지루해하던 집에서의 생활을 즐길 줄 알게 되었고, 성격도 생활 패턴도 달라졌다. 무엇보다 늘 불만이던 작은 집에 대한 소중함을 깨달은 것이야말로 내게는 엄청난 배움이다.

그렇게 나는 초보자로서의 셀프 인테리어 고군분투기를 보냈고, 이제는 셀프 인테리어 퀸으로서 이 집과 함께 행복한 여정을 계속 이어갈 것이다. 이 집에는 앞으로도 내 손길이 닿아야 할 것들이 무궁무진하기 때문이다….

구름 동동
풍선볼 조명 만들기

준비물 : 풍선, 밀가루 풀,
지끈 또는 마끈, 랩,
전구, 케이블 타이, 가위

4. 마지막 남은 끈은 가위로 잘라 끈 사이에 쏙 넣는다.
5. 종이끈 위에 다시 밀가루 풀을 바르고, 풍선 꼭지에 빨래집게를 꽂아 하루 정도 말린다.
6. 풍선에 구멍을 내 바람을 뺀 다음 바람 빠진 풍선과 랩을 뺀다.
7. 전구를 넣고 케이블 타이로 고정하면 완성이다.

취미가 담긴 작은 집

헌 집을 새 집으로 바꾼 셀프 인테리어 1년간의 기록

초판 1쇄 인쇄 _ 2016년 04월 05일
초판 1쇄 발행 _ 2016년 04월 18일

지은이 _ 박소현
기획&편집 _ 시니어C
자료지원 _ 홈앤톤즈

펴낸곳 _ 세상풍경
펴낸이 _ 최형준
제작 _ 도담프린팅 ㅣ 제판 _ 블루엔
등록 _ 2007년 3월 28일 제313-2007-81호
주소 _ 서울시 마포구 서교동 376-11번지 YMCA빌딩 2층
도서 문의 _ 전화 02-322-4491 ㅣ 이메일 seniorc@naver.com
도서 주문 _ 전화 02-322-4410 ㅣ 팩스 02-322-4492
도서 물류 및 반품 _ 북패스 031-953-2913 경기도 파주시 파주읍 백석리 453-1

값 13,800원
ISBN 979-11-85141-16-9 13590

self
interior
diary